Naseem Zahra
Khalid Saeed

Importância dos Antioxidantes para a Sustentabilidade da Vida

Naseem Zahra
Khalid Saeed

Importância dos Antioxidantes para a Sustentabilidade da Vida

ScienciaScripts

Imprint

Any brand names and product names mentioned in this book are subject to trademark, brand or patent protection and are trademarks or registered trademarks of their respective holders. The use of brand names, product names, common names, trade names, product descriptions etc. even without a particular marking in this work is in no way to be construed to mean that such names may be regarded as unrestricted in respect of trademark and brand protection legislation and could thus be used by anyone.

Cover image: www.ingimage.com

This book is a translation from the original published under ISBN 978-620-2-08204-4.

Publisher:
Sciencia Scripts
is a trademark of
Dodo Books Indian Ocean Ltd. and OmniScriptum S.R.L publishing group

120 High Road, East Finchley, London, N2 9ED, United Kingdom
Str. Armeneasca 28/1, office 1, Chisinau MD-2012, Republic of Moldova, Europe
Printed at: see last page
ISBN: 978-620-7-96321-8

ÍNDICE DE CONTEÚDOS

Resumo

Os antioxidantes são as moléculas que inibem a oxidação de outras moléculas. Durante a oxidação, são produzidos radicais livres que podem danificar as células e afetar a saúde a níveis extremos. Os antioxidantes estão disponíveis tanto em formas naturais como sintéticas. Os antioxidantes são compostos abundantes que se encontram sobretudo em frutos e legumes frescos, e o seu papel na prevenção de doenças degenerativas é prometedor. Geralmente, os antioxidantes naturais são preferidos pelos consumidores. Os antioxidantes sintéticos são geralmente compostos com estruturas fenólicas de vários graus de substituição alquílica. Na sua maioria, os antioxidantes são de origem vegetal e desempenham um papel importante na proteção das plantas que estão sujeitas à luz solar e a um forte stress de oxigénio. No corpo humano, os antioxidantes podem desempenhar um papel importante, uma vez que podem alterar o estado oxidativo celular e impedir que as proteínas, o ADN e os lípidos das membranas sejam danificados, reduzindo o risco de várias doenças crónicas, como as doenças cardiovasculares e o cancro. Este livro abrange informações sobre a importância dos antioxidantes, classificação, benefícios para uma vida saudável, mecanismos, diferentes antioxidantes para a sustentabilidade da vida, métodos de extração de antioxidantes e respectivos métodos de deteção.

Palavras-chave: Antioxidantes, Sintéticos, Naturais, Importância, Danos celulares, Mecanismo

Capítulo 1

Introdução

A presença de oxigénio é responsável pela vida na Terra. O oxigénio fornece energia através da oxidação dos alimentos. Durante estes processos, são também produzidas espécies de oxigénio nocivas e altamente reactivas que podem danificar os organismos vivos. Os componentes celulares como o ADN, os lípidos e as proteínas estão protegidos contra os danos oxidativos devido à presença de antioxidantes no corpo do organismo. Os antioxidantes previnem o organismo contra estas espécies reactivas de oxigénio, removendo-as ou impedindo a sua formação no organismo. O interesse pelos antioxidantes derivados de plantas tem crescido exponencialmente nas últimas duas décadas. As principais razões para tal parecem ser: (i) o reconhecimento de que o stress oxidativo desempenha um papel fundamental na etiologia das doenças crónicas; (ii) a clarificação do papel benéfico que as dietas ricas em antioxidantes têm na expressão de estados de doenças crónicas; e (iii) a confusão relativamente à segurança do consumo crónico de conservantes sintéticos tradicionalmente utilizados.

1.1. Descrição geral dos antioxidantes

O prefixo "anti" significa contra, em oposição a, ou corretivo por natureza. Os antioxidantes recebem o seu nome porque combatem a oxidação. São substâncias que protegem outras substâncias químicas do organismo de reacções de oxidação prejudiciais, reagindo com radicais livres e outras espécies reactivas de oxigénio no organismo, impedindo assim o processo de oxidação. Durante esta reação, o antioxidante sacrifica-se, tornando-se oxidado. No entanto, o fornecimento de antioxidantes não é ilimitado, uma vez que uma molécula de antioxidante só pode reagir com um único radical livre. Por conseguinte, há uma necessidade constante de repor os recursos antioxidantes, quer endogenamente quer através de suplementos.

No corpo humano, milhões de processos estão a ocorrer a todo o momento. Estes processos requerem oxigénio. Infelizmente, esse mesmo oxigénio que dá vida pode criar efeitos secundários nocivos, ou substâncias oxidantes, que causam danos nas células e conduzem a doenças crónicas. Os oxidantes, vulgarmente conhecidos como "radicais livres", são espécies químicas que possuem um eletrão não emparelhado na camada exterior (valência) da molécula (Fig. 1). Este é o fator chave na estrutura destas espécies e é a razão pela qual são altamente reactivas. Na realidade, esta espécie é composta por um grupo de fragmentos moleculares capazes de existir de forma autónoma. O facto de serem altamente reactivos significa que têm uma baixa especificidade química, ou seja, podem reagir com a maioria das moléculas na sua vizinhança. Significa também que, ao tentarem ganhar estabilidade capturando o eletrão necessário, não sobrevivem no seu estado original durante muito tempo e reagem rapidamente com o meio envolvente. Assim, os radicais livres atacam a molécula estável mais próxima "roubando" o seu eletrão. Quando a molécula "atacada" perde o seu eletrão, torna-se ela própria um radical livre, dando início a uma reação em cadeia. Uma vez iniciado o processo, este pode ocorrer em cascata, resultando finalmente na rutura de uma célula viva.

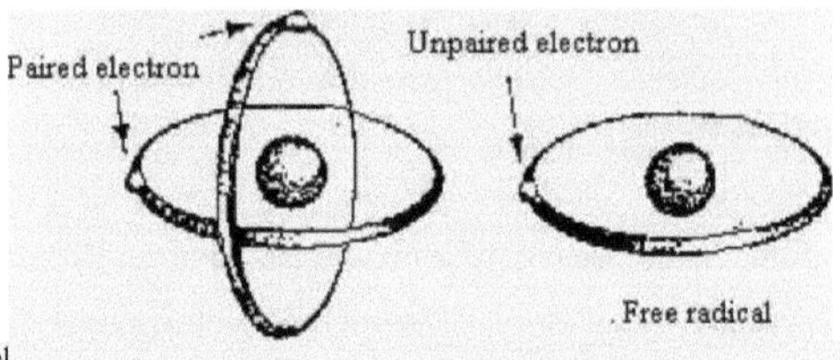

Fig. 1. A estrutura dos radicais livres

Os radicais livres são produzidos continuamente nas células, quer como subprodutos do metabolismo, quer deliberadamente, como na fagocitose. São também introduzidos através de fontes externas, como a exposição ao sol ou a poluição. Outros meios incluem o stress, bem como coisas que as pessoas colocam nos seus corpos, como bebidas alcoólicas, alimentos não saudáveis e fumo de cigarro. Da mesma forma que a oxidação cria ferrugem, causando uma degradação na superfície de objectos inanimados, a oxidação no interior do corpo causa uma degradação das células. Os radicais livres podem ser gerados tanto in vivo como in vitro através de um dos seguintes mecanismos:

1. Clivagem homolítica de uma ligação covalente, em que uma molécula normal se fragmenta em duas, retendo cada fragmento um dos electrões emparelhados. A clivagem homolítica ocorre menos frequentemente em sistemas biológicos, uma vez que requer uma elevada energia proveniente da luz

ultravioleta, do calor ou da radiação ionizante.

2. Perda de um único eletrão de uma molécula normal.

3. Adição de um eletrão a uma molécula normal.

Um facto fundamental sobre os radicais livres é que os electrões não emparelhados nas suas camadas exteriores não afectam a carga da molécula resultante. Os radicais livres podem ser carregados negativamente, positivamente ou eletricamente neutros. Isto deve-se ao facto de a carga estar relacionada com o número de electrões de carga negativa em relação aos protões de carga positiva, enquanto os radicais livres estão relacionados apenas com a disposição espacial do eletrão externo. O eletrão desemparelhado pode ter sido ganho em cima de uma molécula neutra, tornando-a negativa; em alternativa, pode ter resultado da perda de um eletrão da mesma molécula, resultando numa carga positiva. Da mesma forma, se a molécula original não fosse neutra, a adição ou remoção de um eletrão desemparelhado resultaria numa carga neutra.

As espécies reactivas de oxigénio (ROS) são também geradas por muitos processos redox que ocorrem normalmente no metabolismo das células aeróbias. Se não forem eliminadas, as ERO podem atacar moléculas biológicas importantes, tais como lípidos, proteínas, enzimas, ADN e ARN [1]. Embora o corpo humano possua muitos mecanismos de defesa contra o stress oxidativo, incluindo enzimas antioxidantes e compostos não enzimáticos, um excesso de radicais livres tem sido implicado no desenvolvimento de doenças crónicas, como a SIDA, o cancro, a arteriosclerose, a nefrite, a diabetes mellitus, o reumatismo, as doenças isquémicas e cardiovasculares e também no processo de envelhecimento [2-5].

O stress oxidativo pode também desempenhar um papel importante no desenvolvimento de doenças neurodegenerativas, como as doenças de Parkinson e de Alzheimer [6,7]. A doença de Parkinson (DP) é caracterizada por uma degeneração selectiva dos neurónios dopaminérgicos na substância negra (SN) pars compacta, resultando numa redução dos níveis de dopamina no striatum [8]. Em quase todos estes processos, está implicado o stress oxidativo, em que a oxidação da dopamina gera as chamadas espécies reactivas de oxigénio (ERO) e uma produção excessiva e desequilibrada de ERO induz danos neuronais, levando, em última análise, à morte neuronal por apoptose ou necrose [9]. Por conseguinte, alguns antioxidantes podem ser a chave para medidas preventivas contra doenças neurodegenerativas. Os antioxidantes, ou agentes anti-oxidação, reduzem o efeito dos oxidantes perigosos ligando-se a estas moléculas nocivas, diminuindo o seu poder destrutivo. Os antioxidantes podem também ajudar a reparar os danos já sofridos pelas células.

Certas enzimas antioxidantes são produzidas no organismo. Os mais conhecidos destes antioxidantes naturais são a superóxido dismutase, a catalase e o glutatião. [10]. Outros agentes antioxidantes encontram-se nos alimentos, como os vegetais de folha verde escura. Acredita-se que os produtos ricos em vitamina A, vitamina C, vitamina E e beta-caroteno são os mais benéficos. Estes nutrientes são normalmente encontrados em frutas e legumes, sendo os de cores mais fortes os mais saudáveis. Os pimentos laranja e vermelho, os tomates, os espinafres e as cenouras são exemplos [11].

Para proteger as células e os órgãos do stress oxidativo induzido pelas ROS, os organismos vivos evoluíram com um sistema de proteção extremamente eficiente e altamente sofisticado, o chamado "sistema defensivo antioxidante". Este sistema envolve uma variedade de componentes, tanto de origem endógena como exógena. Estes componentes funcionam de forma interactiva e sinérgica para neutralizar os radicais livres. Uma definição mais alargada de antioxidante é "qualquer substância que, quando presente em baixas concentrações em comparação com as de substâncias oxidáveis, atrasa ou impede significativamente a oxidação destes substratos". O termo substrato oxidável inclui ADN, lípidos, proteínas e hidratos de carbono, que são os blocos de construção essenciais de um sistema biológico.

O stress oxidativo ocorre em resultado de um aumento do metabolismo oxidativo, que produz uma série de ERO, como o radical superóxido ($O_2^{\cdot-}$), os radicais hidroxilo ($OH^{\cdot}$) e os radicais peroxilo ($ROO^{\cdot}$) [12]. Para evitar o stress oxidativo, os antioxidantes podem desempenhar um papel importante, conferindo efeitos benéficos para a saúde. Uma ingestão alimentar elevada de antioxidantes comprovados pode reduzir significativamente o risco de várias doenças crónicas. Dada a exposição constante a oxidantes, os antioxidantes podem ser necessários para contrariar os efeitos oxidativos crónicos, melhorando assim a qualidade de vida [13].

1.2. Classificação dos Antioxidantes

Uma variedade de antioxidantes é coletivamente necessária para a remoção dos radicais livres, de modo a proteger o organismo dos efeitos adversos dos ERO. Certas enzimas, bem como moléculas celulares não enzimáticas, estão envolvidas na desintoxicação dos ERO [14]. Com base na natureza dos antioxidantes, o sistema antioxidante humano pode ser categorizado em duas classes mais amplas: enzimática e não enzimática (Fig.2).

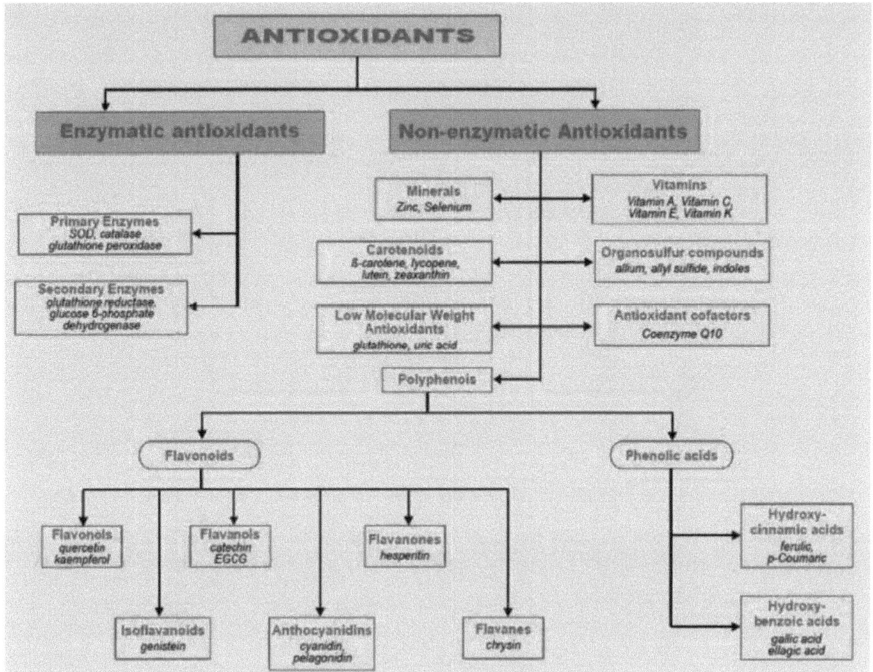

Fig. 2. Classificação dos Antioxidantes

1.2.1 Antioxidantes enzimáticos

As principais defesas antioxidantes endógenas intracelulares primárias são o sistema enzimático. Este sistema enzimático antioxidante inclui as superóxido dismutases (SODs), a catalase (CAT) e a glutationa peroxidase (GSHPx) [15,16]. As superóxido dismutases (SODs) (CuZn-Mn SOD; EC 1.15.1.1) foram encontradas em três isoformas. A SOD contendo manganês (MnSOD) é uma proteína tetramérica que está localizada na matriz mitocondrial. Desempenha um papel fundamental na eliminação do O2·⁻ gerado a partir da cadeia de transporte de electrões. A SOD, que contém cobre e zinco, é uma proteína mais fraca que está localizada no citoplasma da célula. Pensa-se que remove o O2·⁻ gerado pelo retículo endoplasmático e pelas oxidases citosólicas. A SOD extracelular é uma proteína tetramérica que se encontra no espaço extracelular. As SODs catalisam a dismutação do superóxido em H2O2 [17].

$$2O^{-} + 2H^{+} \xrightarrow{\text{SQD}} H2 + O2 + O2$$

A catalase (CAT; EC 1.11.1.6) está localizada nos peroxissomas e nas mitocôndrias. Trata-se de uma grande proteína tetramérica que remove o H2O2 catalisando a sua conversão em água [18].

$$\xrightarrow{\text{Cat31aSe}} 2HjO + Ch$$

As glutatião peroxidases (GSHPx) são um grupo de enzimas dependentes do selénio. Foram descritas quatro

7

isoformas de GSHPx: GSHPx1 citosólica, GSHP plasmática, PHGSHPx fosfolípido-hidroperóxido e GSHPx-GI gastrointestinal. Todas as GSHPx necessitam do glutatião (GSH) como cofator e de enzimas secundárias, como a glutatião redutase e a glucose-6-fosfato desidrogenase (G-6-PDH), para funcionar. A G-6-PDH gera NADPH para reciclar a GSH [19,20]. As interações oxidativas celulares estão representadas na Fig. 2.

$$2GSH + H2O2 {}^{GSHF} \backslash GSSG + 2H\ O_3$$

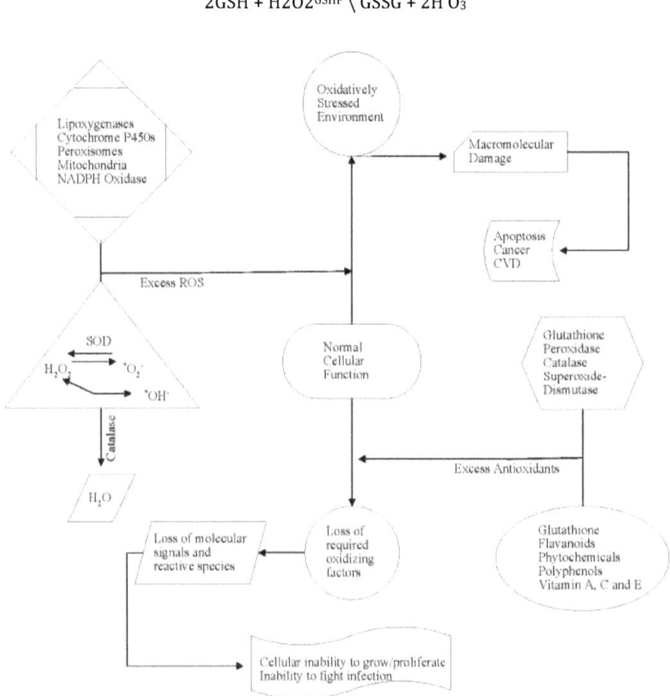

Fig. 3. Interações oxidativas celulares

1.2.2. Antioxidantes não enzimáticos

Os antioxidantes não enzimáticos podem ainda ser classificados em dois grupos: antioxidantes endógenos e exógenos. Os principais antioxidantes endógenos extracelulares encontrados no plasma humano são as proteínas de ligação a metais de transição. Estas incluem a ceruloplasmina, a transferência, a hepatoglobina e a albumina. Estas proteínas ligam-se a metais de transição e, por conseguinte, controlam a produção de radicais livres catalisados por metais. A albumina e a ceruloplasmina são os sequestradores de iões de cobre. A hepatoglobina liga-se à hemoglobina, enquanto a ferritina e a transferrina se ligam ao ferro livre. Os ácidos lipóico e úrico, a bilirrubina e a ubiquinona são processos de oxidação que eliminam os radicais livres [21].

Muitos antioxidantes exógenos eficazes são geralmente de origem alimentar. Os mais conhecidos são as vitaminas, como o ácido ascórbico, a vitamina E, os carotenóides, as quininas e os polifenóis. Estas moléculas podem inibir as reacções oxidativas através da eliminação dos radicais livres, enquanto certos compostos podem quelar metais redox activos ou inibir determinadas enzimas oxidativas. A vitamina E é um antioxidante lipossolúvel que quebra cadeias e reage com os radicais peroxilo dos lípidos para produzir um hidroperóxido lipídico relativamente estável, protegendo assim a peroxidação lipídica das membranas. Por outro lado, a vitamina C tem múltiplas propriedades antioxidantes [22,23].

1.3. Principais tipos de antioxidantes

Os antioxidantes são classificados em dois tipos principais com base na sua síntese, ou seja

1. Exógeno
2. Endógeno

1. Antioxidantes exógenos

Os antioxidantes derivados de fontes alimentares que podem ser obtidos naturalmente ou produzidos sinteticamente são referidos como antioxidantes exógenos. Estes antioxidantes podem apresentar-se sob a forma de vitaminas, polifenóis ou mesmo antioxidantes sintéticos.

2. Antioxidantes endógenos

Os antioxidantes produzidos pelo corpo humano são designados por antioxidantes endógenos. Estes antioxidantes podem ser uma enzima, uma hormona ou um amortecedor. A principal atividade destas enzimas consiste em converter espécies oxidantes tóxicas em produtos finais que são menos ou não tóxicos.

Estes antioxidantes podem ainda ser divididos em quatro grupos com base na sua localização, ou seja

1. Antioxidantes do citosol
2. Antioxidantes de membrana,
3. Antioxidantes circulantes
4. Antioxidantes do sistema

Os antioxidantes exógenos e endógenos são apresentados no quadro 1.

Tabela 1. Tipos de Antioxidantes

Antioxidantes	Tipos	Exemplos
Exógeno	Antioxidantes sintéticos	Hidroxitolueno butilado (BHT) Hidroxianisol butilado (BHA)
	Polifenóis	Flavonóides (Flavonas, Quercetina, Antocianinas) Ácidos fenólicos (ácido gálico, ácido salicílico) Taninos
	Vitaminas	Vitamina E Vitamina C
Endógeno	Hormonas	Estrogénio Melatonina
	Enzimas	Catalase Glutatião peroxidase Superóxido dismutase
	Outras moléculas presentes no sangue	Albumina Transferrina Lactotransferrina Ácido úrico

1.4. Mecanismo de ação dos antioxidantes

Os antioxidantes podem remover espécies radicais livres e não radicais através de diferentes modelos de ação, dependendo do tipo de ERO necessário para a neutralização. Com base na natureza dos ERO, foram propostos dois mecanismos básicos para a ação dos antioxidantes: um mecanismo de remoção dos iniciadores dos ERO e um mecanismo de quebra da cadeia (Fig. 4).

1.4.1 Mecanismo de eliminação dos iniciadores de ERO

Este processo baseia-se principalmente na inibição das enzimas envolvidas na produção de ERO. A xantina oxidase (XO) é uma das principais fontes de produção de aniões superóxido [24]. A lipoxigenase, durante a via metabólica do araquidónico, produz peróxidos lipídicos. Os antioxidantes inibem estas enzimas para que não estejam disponíveis para prejudicar o sistema celular. As outras principais fontes de radicais livres são os iões de metais de transição livres que, devido à sua ligação a proteínas transportadoras, actuam como pró-oxidantes e são, portanto, tóxicos para o organismo. Existem várias proteínas de ligação a metais que quelam os metais de transição, capazes de reagir com os peróxidos de hidrogénio para produzir radicais livres:

$$HOOH/LOOH + Fe^{2+} \cdots\cdots\cdots \blacktriangleright LO^{\cdot}/HO^{\cdot} + OH^{\cdot\prime} + Fe^{3+}$$

As proteínas que se ligam aos iões de metais de transição incluem a transferência, a lactoferrina e a ferritina. Estas proteínas funcionam para manter sob controlo o stress oxidante induzido pelo ferro. As proteínas ceruloplasmina e albumina são os sequestrantes de cobre e ferro, respetivamente [25].

1.4.2. *Mecanismo de ação da quebra de cadeia*

Os antioxidantes eliminam os radicais livres doando-lhes um eletrão, sendo eles próprios oxidados durante o processo. Isto é conhecido como "antioxidação por quebra de cadeia" (CBA). A reação em cadeia dos radicais livres pode ser interrompida com a ajuda de antioxidantes, que podem neutralizar os radicais livres formados durante a reação global. A maioria dos polifenólicos funciona através do mecanismo de ação de quebra de cadeia (CB). A vitamina C, a vitamina B, os carotenos, os flavonóides e as caumarinas são exemplos de antioxidantes de quebra de cadeia (CBA). A vitamina E (tocoferol, TH_2) é o antioxidante lipossolúvel mais amplamente distribuído na natureza. A sua principal função é prevenir a peroxidação dos fosfolípidos das membranas e evitar danos nas membranas celulares [26]. Um estudo detalhado dos efeitos dos substituintes do anel benzénico na taxa de reação de eliminação de radicais é acelerado pela presença de grupos 4-metoxi e C-2 ou C-6 metilo. A presença do grupo hidroxilo C-1 contribui para doar H$^{\cdot}$, enquanto os grupos funcionais em C-4, C-2 e C-6 estabilizam o radical tocoferol resultante [27, 28].

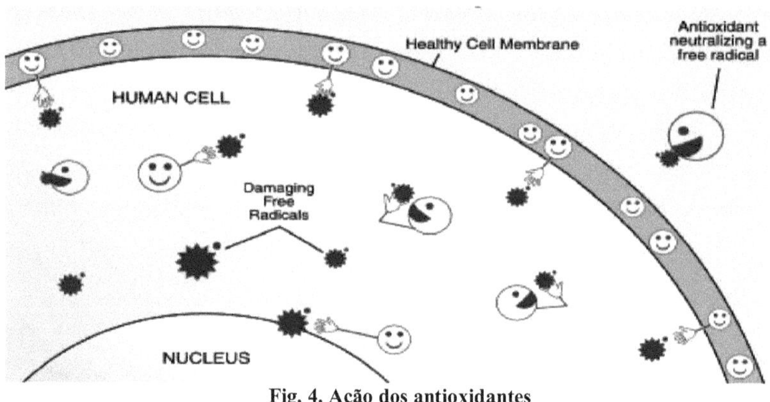

Fig. 4. Ação dos antioxidantes

Foi demonstrado que tanto os antioxidantes naturais como os sintéticos melhoram a estabilidade, a qualidade e o prazo de validade dos produtos. Muitos trabalhos de investigação mencionaram as desvantagens dos antioxidantes sintéticos e as suas possíveis propriedades nocivas para a saúde humana, para além da sua possível toxicidade, bem como a rejeição geral dos consumidores, o que levou à diminuição da utilização de antioxidantes sintéticos como o hidroxianisol butilado (BHA) e o hidroxiltolueno butilado (BHT), que foram considerados como tendo potencial carcinogénico e se suspeita que sejam tóxicos para os pulmões [29]. Consequentemente, o desenvolvimento de antioxidantes alternativos de origem natural atraiu uma atenção considerável e muitos investigadores concentraram-se na descoberta de novos antioxidantes naturais destinados a extinguir radicais biologicamente nocivos [30-35].

Capítulo 2

2. Antioxidantes típicos

2.1. Compostos fenólicos

Os compostos fenólicos são metabolitos secundários derivados das vias das pentoses fosfato, do chiquimato e dos fenilpropanóides nas plantas [36]. São componentes importantes na dieta humana, uma vez que a sua ingestão diária pode atingir até 800 mg, dependendo do consumo de alimentos e bebidas específicos. Para além das vitaminas C, E, A e dos carotenóides, os polifenóis podem ser responsáveis por pelo menos parte dos benefícios para a saúde associados ao consumo de frutas frescas, legumes, chá, vinho tinto e extractos de plantas.

Estes compostos são um dos grupos de fitoquímicos mais comuns e têm uma importância fisiológica e morfológica considerável nas plantas. Estes compostos desempenham um papel importante no crescimento e na reprodução, proporcionando proteção contra agentes patogénicos e predadores
[37] além de contribuir para a cor e as caraterísticas sensoriais dos frutos e dos produtos hortícolas
[38] .

Os compostos fenólicos exibem uma vasta gama de propriedades fisiológicas, tais como efeitos anti-alergénicos, anti-arterogénicos, anti-inflamatórios, antinociceptivos, anti-carcinogénicos, anti-microbianos, antioxidantes, anti-trombóticos, cardioprotectores e vasodilatadores [39-43]. No entanto, são necessárias mais provas científicas para verificar o papel dos compostos fenólicos nos efeitos promotores da saúde e antienvelhecimento das plantas medicinais chinesas da categoria "pao".

Os compostos fenólicos são uma fonte natural de antioxidantes e encontram-se amplamente nas plantas. Podem ser divididos em quatro classes: flavonóides, ácidos fenólicos, derivados do ácido hidroxicinâmico e lignanos. Foi demonstrado que estes compostos simples têm a capacidade de combater ou reduzir a incidência de várias condições patológicas causadas pelo stress oxidativo, como as doenças cardiovasculares, a inflamação e as doenças neurodegenerativas.

2.1.1. A química dos compostos fenólicos

Estruturalmente, os compostos fenólicos são constituídos por um anel aromático, com um ou mais substituintes hidroxilo e variam desde moléculas fenólicas simples a compostos altamente polimerizados. Apesar desta diversidade estrutural, o grupo de compostos é frequentemente designado por polifenóis. A maioria dos compostos fenólicos de ocorrência natural está presente como conjugados com mono e polissacáridos, ligados a um ou mais grupos fenólicos, podendo também ocorrer como derivados funcionais, tais como ésteres e ésteres metílicos. No entanto, esta diversidade estrutural resulta na vasta gama de compostos fenólicos que ocorrem na natureza.

Os compostos fenólicos podem basicamente ser classificados em várias classes, como se mostra no quadro 1 [44]. Destes, os ácidos fenólicos, os taninos e os flavonóides são considerados os principais compostos fenólicos da dieta. Os ácidos fenólicos são constituídos por dois subgrupos, ou seja, os ácidos hidroxibenzóico e hidroxicinâmico. Os ácidos hidroxibenzóicos incluem os ácidos gálico, p-hidroxibenzóico, protocatecuico, vanílico e siríngico, que têm em comum a estrutura C6-C1. Os ácidos hidroxicinâmicos, por outro lado, são compostos aromáticos com uma cadeia lateral de três carbonos (C6-C3), sendo os ácidos cafeico, ferúlico, p-cumárico e sinápico os mais comuns [45].

Os taninos, compostos de peso molecular relativamente elevado que constituem o terceiro grupo importante de fenólicos, podem ser subdivididos em taninos hidrolisáveis e taninos condensados. Os primeiros são ésteres do ácido gálico (taninos gálicos e elágicos), enquanto os segundos (também designados por proantocianidinas) são polímeros de monómeros de poli-hidroxiflavan-3-ol. Uma terceira subdivisão, os florotaninos, constituídos inteiramente por floroglucinol, foi isolada de vários géneros de algas castanhas [46], mas estes não são significativos na dieta humana.

Os taninos, que podem ser solúveis ou insolúveis na água, demonstraram ter efeitos ateroprotectores.

Tabela 2. Classes de compostos fenólicos nas plantas

Classe	Estrutura
Fenólicos simples, Benzoquinonas	C6
Ácidos hidroxibenzóicos	C6-C1
Acetofenonas, ácidos fenilacéticos	C6-C2
Ácidos hidroxicinâmicos, fenilpropanóides (Cumarinas, Isocumarinas, Cromonas, Cromenos)	C6-C3
Naftoquinonas	C6-C4

Xantonas	C6-C1-C6
Estilbenos, antraquinonas	C6-C2-C6
Flavonóides, Isoflavonóides	C6-C3-C6
Lignanos, Neolignanos	$(C6-C3)_2$
Biflavonóides	$(C6-C3-C6)_2$
Ligninas	$(C6-C3)_n$
Taninos condensados (proantocianidinas ou flavolanos)	$(C6-C3-C6)$

Os polifenóis podem normalmente ser purificados por processos de adsorção-dessorção utilizando várias matrizes sólidas. Dois tipos de matrizes deste tipo são o carvão vegetal e a Amberlite polimérica (poliamida, poliestireno ou acrílico). As resinas de poliamida são mais susceptíveis de adsorver compostos polifenólicos, que foram selecionados de acordo com o tamanho das suas partículas.

2.2. Flavonóides

Os flavonóides, ou bioflavonóides, são um grupo ubíquo de substâncias polifenólicas que estão presentes na maioria das plantas, concentrando-se nas sementes, na pele ou na casca dos frutos, na casca e nas flores. Um grande número de plantas medicinais contém flavonóides, que foram referidos por muitos autores. Estes são o grupo mais diversificado de fenólicos que são derivados por uma combinação das vias do chiquimato e dos policetídeos. Estima-se que 2% de todo o carbono fotossintetizado pelas plantas (aproximadamente um bilião de toneladas por ano) é convertido em flavonóides e compostos relacionados [47].

Os recentes esforços de investigação sobre antioxidantes centraram-se nos flavonóides que apresentam fortes efeitos de eliminação de radicais livres e propriedades quelantes de iões metálicos. Para além da sua atividade antioxidante, foi referido que os flavonóides inibem várias enzimas, como a ciclo-oxigenase e a lipoxigenase, relacionadas com a inflamação. Foram relatadas provas da presença de flavonóides em remédios antigos para queimaduras e inflamações, e estas substâncias, que foram isoladas, são atualmente utilizadas em produtos comerciais.

Os flavonóides também actuam como um sistema de defesa contra os efeitos nocivos da radiação ultravioleta, dos agentes patogénicos e dos insectos e actuam como agentes quelantes de metais tóxicos [48]. Os flavonóides também têm sido estudados pelos seus potenciais benefícios para a saúde. Pensa-se que a sua atividade antioxidante retarda o envelhecimento das células e protege contra a peroxidação lipídica [49]. [49].

A peroxidação lipídica pode desempenhar um papel importante no desenvolvimento de doenças como as doenças cardiovasculares e coronárias e a inflamação crónica [50, 51]. Existem muitos flavonóides que apresentam uma atividade do tipo estrogénio e actuam como agentes anticancerígenos, antirradicais, antivirais e antimicrobianos [52-53]. Assim, os flavonóides alimentares têm atraído a atenção para os seus potenciais efeitos benéficos nos seres humanos.

Além disso, nos últimos 30 anos, os flavonóides revelaram-se marcadores muito úteis a todos os níveis de classificação das plantas. São muito importantes a nível ordinário, por exemplo, para decidir que família deve ser incluída ou excluída de uma determinada ordem, embora também seja possível definir um padrão de flavonóides a nível da família e da espécie. Além disso, são também muito úteis para identificar híbridos naturais de plantas e para o reconhecimento de cultivares de plantas [54].

Apesar da aparente ubiquidade dos flavonóides, a investigação demonstrou que cada espécie de planta apenas sintetiza um número limitado de compostos, variando a natureza destes compostos entre espécies e mesmo de órgão para órgão dentro da mesma planta [55]. Os flavonóides conhecidos constituem apenas uma parte diminuta do conjunto total previsto de diversidade de flavonóides.

2.2.1. A química dos flavonóides

Os flavonóides são um grupo extenso de compostos fenólicos fitoquímicos de peso molecular relativamente baixo, constituídos por quinze átomos de carbono, dois anéis de benzeno unidos por uma cadeia linear de três carbonos, dispostos numa configuração C6-C3-C6. Essencialmente, a estrutura consiste em dois anéis aromáticos A e B, unidos por uma ponte de 3 carbonos, geralmente sob a forma de um anel heterocíclico, C (Fig. 5). O anel aromático A é derivado da via do acetato/malonato, enquanto o anel B é derivado da fenilalanina através da via do chiquimato [56].

Múltiplas combinações de grupos hidroxilo, açúcares, oxigénios e grupos metilo ligados ao anel C resultam nas principais classes de flavonóides, ou seja, flavonas, flavonóis, flavanonas, isoflavonas, flavanóis (ou catequinas) e antocianidinas (Fig. 6) [57], das quais as flavonas e os flavonóis são as mais comuns e estruturalmente diversas. As substituições dos anéis A e B dão origem aos diferentes compostos de cada classe de flavonóides. Estas substituições podem incluir oxigenação, alquilação, glicosilação, acilação e sulfatação [58]. No entanto, devido às caraterísticas intrínsecas dos flavonóides:

(i)   Pronto para processos de transformação/oxidação/redução, rearranjos intra e intermoleculares.

(ii)   Sendo diferentes no número e na posição dos seus grupos hidroxilo.

(iii) Estando ligados a vários sacarídeos de diferentes estruturas e graus de polimerização, as versões de um único flavonoide podem ser enormes. Tendo em conta a diversidade das espécies possíveis, verificou-se que, teoricamente, podem existir mais de 2x106 flavonóides e, atualmente, já foram identificadas mais de 2x10³ espécies. Por exemplo, a quercetina, por si só, tem mais de 179 glicosídeos.

(iv)

A relevância deste grupo de compostos orgânicos (considerados como compostos naturais versáteis, benéficos e com impacto) está associada às suas caraterísticas fisiológicas/biológicas e práticas inestimáveis. Foi confirmado que os flavonóides de estrutura polifenólica e de caraterísticas antioxidantes identificados em quase todas as plantas, legumes e frutos, principalmente sob a forma dos seus 0-glicosídeos, são absorvidos muito rapidamente pelo organismo vivo [59].

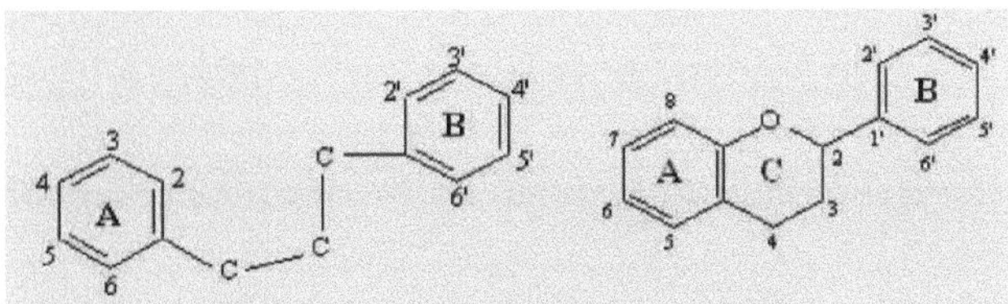

Fig. 5. Estruturas básicas dos flavonóides

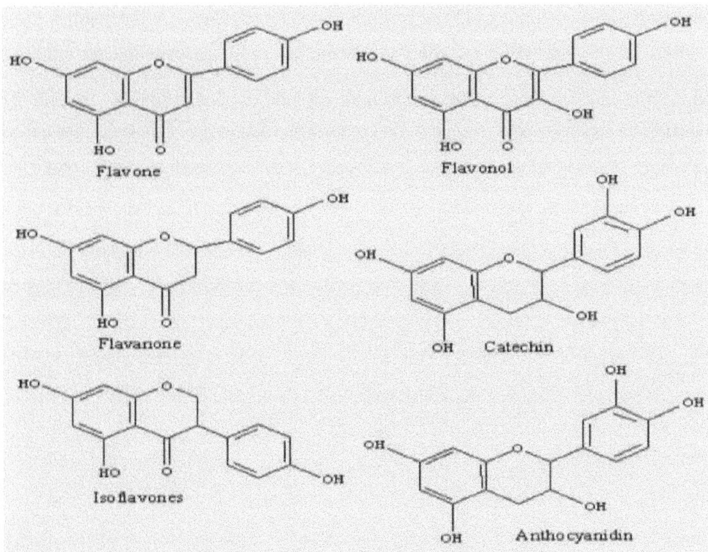

Fig. 6. Estruturas genéricas das principais classes de flavonóides

3. Importância dos antioxidantes na prevenção de doenças

Os antioxidantes são essenciais para a prevenção de doenças, tanto em plantas como em animais, e desempenham um papel importante no sistema de defesa do organismo [60, 61]. Estes compostos saciam os temidos radicais livres e param as reacções de oxidação *in vivo*, pelo que são considerados elementos vitais que reduzem o envelhecimento ambiental e fisiológico, o stress, o cancro e a aterosclerose [62].

Os consumidores consideram que os alimentos ricos em antioxidantes podem proporcionar um grau de proteção contra os danos causados pelos radicais livres, não só nos alimentos, mas também no corpo humano, protegendo contra danos nos ácidos nucleicos, doenças cardiovasculares e outros processos deteriorativos [63]. A atividade antioxidante é uma propriedade elementar imperativa para a vida. Muitas das funções biológicas, como a anticarcinogenicidade, a antimutagênese e o antienvelhecimento, têm origem nesta propriedade.

Muitos dos antioxidantes naturais, especialmente os flavonóides, exibem uma vasta gama de efeitos biológicos, incluindo acções antivirais, antibacterianas, antialérgicas, antitrombóticas, anti-inflamatórias e vasodilatadoras. Os polifenóis são úteis na prevenção da acumulação de placas nas artérias e reduzem o risco de oxidação do ADN, que é um dos factores que conduzem ao cancro. A vitamina A é útil na redução do risco de cancro do pulmão. Os tocoferóis e a vitamina E actuam como antioxidantes lipídicos, os seus sinais saudáveis são importantes para a prevenção de doenças cardiovasculares, reduzindo a quantidade de placa nos vasos sanguíneos [64, 65].

A vitamina C é o antioxidante mais utilizado para prevenir doenças comuns como a constipação e a tosse. É também útil na prevenção de danos no ADN e de doenças cardiovasculares. Os flavonóides, em particular as antocianinas, promovem grandemente a saúde do coração, proporcionando imunidade contra doenças que afectam diretamente o coração. Além disso, pensa-se que os polifenóis são benéficos na interferência com o metabolismo quando os medicamentos são tomados em excesso. Alguns dos benefícios dos antioxidantes são apresentados na Fig. 7. As vitaminas, como a vitamina C (um antioxidante solúvel em água) e E (um antioxidante solúvel em lípidos), que podem ser facilmente obtidas através de suplementos alimentares, são uma boa fonte de antioxidantes exógenos. Apesar de as vitaminas se dissolverem em fontes diferentes, ambas são poderosos antioxidantes. A vitamina C serve como dador de electrões na prevenção de proteínas, lípidos

e a oxidação do ADN, enquanto a vitamina E previne a produção de ROS durante a oxidação lipídica. Ambas têm a capacidade de prevenir doenças cardiovasculares, cancro e acidentes vasculares cerebrais

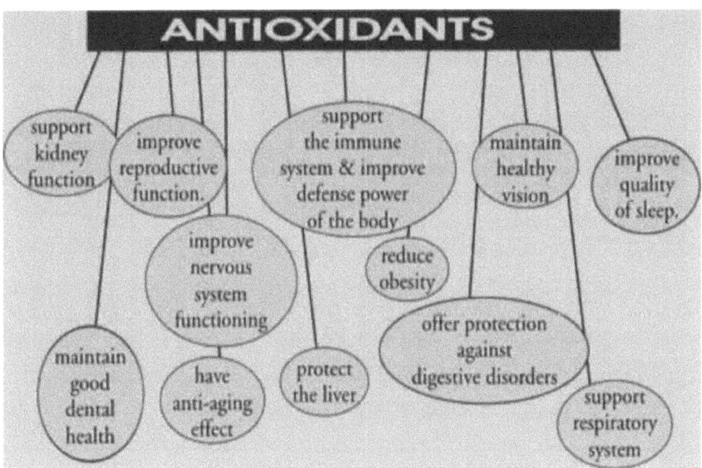

Fig. 7. Benefícios dos Antioxidantes

Capítulo 3

Fontes naturais de antioxidantes

Os dietistas e os nutricionistas consideram os frutos como os produtos alimentares mais apreciados devido à presença de várias vitaminas e sais minerais que determinam o seu valor nutricional e também a fibra alimentar. A maior parte dos frutos contém carotenóides, vitamina C e compostos polifenólicos; especialmente os frutos de baga, que são tão valiosos nesta perspetiva. Os frutos da groselha preta têm um elevado teor de antioxidantes [66,67].

Fig. 8. Fontes Naturais de Antioxidantes

Os citrinos, como os limões, as toranjas e as laranjas, são uma fonte rica de antioxidantes, devido ao elevado teor de vitamina C (40-50 mg/100 g) e de compostos fenólicos, entre os quais dominam as flavanonas (naringenina, hesperitina e eriodictiol) [68-71].

As melhores fontes de antioxidantes entre os legumes são os legumes *Brassica* (couve chinesa, couve-flor), tomate, cebola, pimento vermelho, beterraba vermelha e alho. Os pimentos vermelhos contêm teores elevados de vitamina C (144 mg/100 g) e criptoxantina, enquanto os tomates são a melhor fonte de licopeno. A casca do tomate contém cerca de 3025 pg/100 g de licopeno [72]. A presença de vitamina C e caroteno é considerável na cenoura, raízes de salsa, abóbora e couve [73, 74].

Os tomates são também uma fonte de compostos polifenólicos, principalmente flavonóis. 98% dos flavonóis presentes no tomate encontram-se na casca do fruto, dos quais 96% são constituídos por quercetina. Na polpa e nas sementes, os compostos de quercetina consistem em cerca de 70%, enquanto o kaempherol - 30% do teor total de flavonóis. Isto significa que a remoção da casca do tomate diminui significativamente o nível de polifenóis [75]. Os pigmentos de antocianina encontram-se sobretudo nos vegetais, que são derivados acílicos da cianidina. Os vegetais enriquecidos em antocianinas são a couve roxa, o rabanete, a alface e a cebola roxa [76].

Os compostos aminados, incluindo aminoácidos, péptidos e proteínas, formam um grupo importante de antioxidantes derivados de produtos alimentares de origem animal. Os grupos tio (cisteína e metionina) são responsáveis pela atividade antioxidante. Durante os processos bioquímicos das células, as proteínas actuam como antioxidantes [77]. As proteínas isoladas de soja são amplamente utilizadas na indústria da carne devido às suas boas propriedades funcionais e podem inibir a reação de oxidação dos lípidos, enquanto a caseína inibe a oxidação não enzimática e enzimática dos lípidos [78, 79].

Existem muitos produtos que também apresentam uma elevada atividade antioxidante, como o chá, o café, o cacau, a cerveja, o vinho tinto e diferentes especiarias. O café torrado tem 8% de compostos fenólicos, dos quais o ácido clorogénico é dominante. 12-18% dos compostos fenólicos estão presentes nas sementes de cacau [80].Quadro 3. Lista dos antioxidantes naturais populares e das suas fontes típicas [81]

Nome do composto	Fonte natural
Antocianinas	Elevado teor em vinho tinto
Ácido ascórbico	Principalmente em frutos como os citrinos, tomates e certos vegetais
Betacaroteno	Vegetais como pimentão vermelho, espinafres, couve, cenoura, tomate, batata-doce, papaias e alperces
Catequinas	Chocolate, Cacau
CoQ10	Sêmea de trigo
Ácido elágico, Elagitaninos	Morangos

Flavonóides	Tomates, batatas, cebolas, uvas, trigo, alface e chá preto
Luteína	Egg
Licopeno	Papaia, tomate, uva rosada, goiaba, melancia
Polifenóis	Couve roxa, amoras, mirtilos, chás como o chá verde
Quercetina	Cebola, espinafres
Tocoferóis	Brócolos, rebentos, grãos de cereais, óleos alimentares, avelãs e amêndoas
Vitamina C	Citrinos
Vitamina E e ómega 3	Óleos vegetais

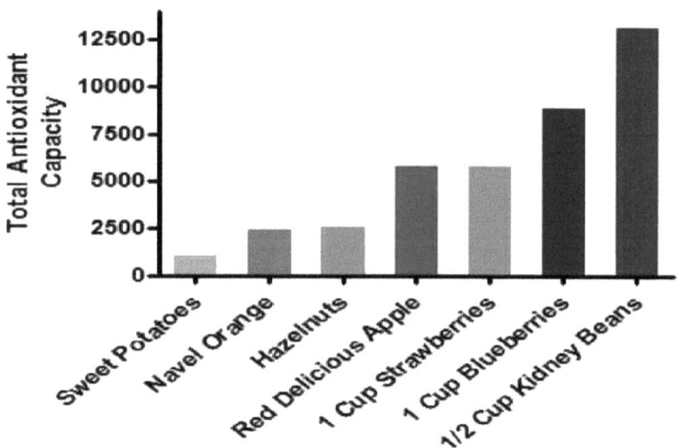

Fig. 9. Capacidade Antioxidante Total (TAC) de Diferentes Produtos Alimentares

A função dos nutrientes antioxidantes na luta contra o stress oxidativo está presente num grande número de doenças, incluindo patologias cardiovasculares, cancerígenas e neurológicas. Neste sentido, os investigadores provaram consideravelmente que, após a utilização de dietas ricas em frutos e legumes, se registava um aumento da TAC sérica. Por exemplo, o consumo elevado de tomate aumenta potencialmente a capacidade antioxidante total dos indivíduos saudáveis.

4. Antioxidantes naturais versus sintéticos

Os antioxidantes sintéticos são preparados quimicamente e são antioxidantes à base de petróleo que são utilizados principalmente para "retardar a oxidação lipídica", a fim de conservar e aliviar os óleos e gorduras refinados num produto alimentar/sistema alimentar [83, 84]. Quatro amplamente utilizados na indústria alimentar são:

Os quatro antioxidantes sintéticos mais utilizados na indústria alimentar são:

* BHA (hidroxianisol butilado)

* BHT (hidroxitolueno butilado)

* PG (galato de propilo)

* TBHQ(*/c/7-butil-hidroxiquinona*)

Tanto os antioxidantes sintéticos como os naturais têm uma vasta aplicação em diferentes domínios. Os antioxidantes sintéticos são puros, eficazes, comparativamente baratos, facilmente disponíveis e isentos de riscos, se adicionados em concentrações permitidas pela legislação. A principal desvantagem dos antioxidantes sintéticos é o facto de serem suspeitos de serem químicos. Os antioxidantes sintéticos podem ter efeitos citotóxicos, efeitos adversos nos principais órgãos: Rim, fígado e pulmões e podem causar danos no ADN.

Consequentemente, a maioria dos clientes prefere os antioxidantes naturais, pois acreditam que não têm químicos e são inofensivos em comparação com os sintéticos. Os oxidantes naturais são aqueles que se encontram em fontes naturais como carnes, frutas, vegetais, etc. Existem tantos antioxidantes naturais na dieta humana que os humanos se adaptaram a eles. Os antioxidantes naturais mais comuns são a vitamina E (tocoferóis), a vitamina C (ácido ascórbico), a vitamina A (carotenóides), o licopeno (um tipo de carotenóides), diferentes polifenóis, incluindo antocianinas (um tipo de flavonoide) e flavonóides e a coenzima Q10, também conhecida como ubiquitina (um tipo de proteína). O ácido lipóico está presente em quase todos os alimentos, mas um pouco mais nos rins, no coração, no fígado, nos espinafres, nos brócolos e no extrato de levedura. O ácido lipóico que ocorre naturalmente é sempre ligado covalentemente e não está prontamente disponível a partir de fontes dietéticas. Para além disso, a quantidade de ácido lipóico presente nas fontes alimentares é muito baixa. O glutatião (GSH) é um antioxidante importante em plantas, animais, fungos e algumas bactérias e archaea. O glutatião é capaz de prevenir danos em componentes celulares importantes causados por espécies reactivas de oxigénio, tais como radicais livres, peróxidos, peróxidos lipídicos e metais pesados (Fig. 10).

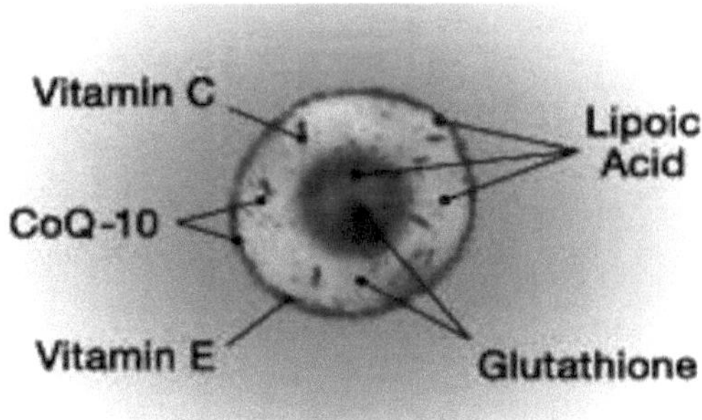

Fig. 10. A rede de antioxidantes na célula humana

Os antioxidantes naturais são misturas complexas de muitos compostos que desempenham actividades diferentes e que podem persuadir-se mutuamente. A composição dos antioxidantes naturais difere de acordo com a fonte e a época de colheita, pelo que cada lote deve ser testado quanto à sua atividade antioxidante. Se as substâncias activas forem isoladas e adicionadas como substâncias puras, a sua segurança deve ser testada da mesma forma que no caso dos antioxidantes sintéticos. Verificou-se que, embora os antioxidantes naturais possam efetivamente ter muitos efeitos fisiológicos positivos, como a prevenção da oxidação do ADN, as fontes a partir das quais são consumidos também devem ser cuidadosamente consideradas para maximizar a absorção.

A melhor forma de utilizar antioxidantes naturais é a sua adição direta em ingredientes alimentares sem qualquer fracionamento, tais como vegetais, oleaginosas, especiarias ou ervas, ou apenas materiais simplesmente tratados, tais como farinhas extraídas de oleaginosas ou resinas de alecrim. Estas aplicações só podem competir com os antioxidantes sintéticos, se as eficiências forem comparadas com base no preço. Alguns antioxidantes nativos foram antecipados como aditivos alimentares, que são partes de ervas ou medicamentos, mas que não são utilizados como alimentos. Estas preparações devem também ser testadas quanto à sua utilização mais segura antes de serem adicionadas a diferentes produtos alimentares [85].

5. Métodos de extração de antioxidantes

Os antioxidantes obtidos a partir de plantas, especialmente os compostos fenólicos, ganharam um valor significativo devido aos seus potenciais benefícios para a saúde. Estudos epidemiológicos demonstraram que a utilização de alimentos vegetais com antioxidantes é útil para a saúde porque regula negativamente muitos processos degenerativos e pode reduzir eficazmente a ocorrência de cancro e de doenças cardiovasculares. A recuperação de compostos antioxidantes de materiais vegetais é carateristicamente feita através de diferentes técnicas de extração, tendo em conta a sua química e a divisão irregular na matriz vegetal [86]. Por exemplo, os compostos fenólicos solúveis estão presentes em concentrações mais elevadas nos tecidos exteriores (camadas epidérmica e subepidérmica) dos frutos e grãos do que nos tecidos interiores (mesocarpo e polpa).

A extração por solventes é a técnica mais utilizada para a separação de antioxidantes; tanto o rendimento da extração como a atividade antioxidante dos extractos dependem fortemente do solvente devido ao diferente potencial antioxidante dos compostos com diferentes polaridades. Verificou-se um comportamento diferente na extração de diferentes compostos e polifenóis totais extraíveis (TEP).

Os rendimentos máximos de extração de fenólicos totais foram obtidos com metanol, enquanto a acetona a 50% extraiu mais seletivamente leucoantocianinas e não foram observados efeitos dignos de nota na extração de glicosídeos. Também para os extractos de raízes de bardana, a água produziu a maior quantidade de extrato e apresentou a atividade antioxidante mais forte. A atividade antioxidante máxima foi encontrada nos subprodutos do cacau no metanol, seguida das misturas de clorofórmio, éter e dicloroetano ou clorofórmio, metanol e dicloroetano [87, 88].

As caraterísticas do extrato obtido a partir de frutos são determinadas por dois factores principais: factores de pré-extração e factores de extração. O primeiro determina a quantidade de antioxidantes, enquanto o segundo rege a capacidade de extrair essas moléculas da matriz vegetal.

As cultivares, a época de colheita e a localização geográfica das bagas são parâmetros importantes que afectam o teor e a atividade antioxidante dos extractos finais. É muito difícil controlar o clima, a exposição à luz solar, o consumo de água das plantas e o estado de maturação quando as bagas são colhidas. É por esta razão que a maioria dos investigadores se concentra na otimização das técnicas de extração de diferentes bagas. A adição de algumas substâncias, como o BTH, ou a radiação das bagas com diferentes tratamentos de luz, como a luz ultravioleta ou azul, pode aumentar a quantidade de compostos antioxidantes e a capacidade antioxidante.

Para realizar a extração, estão envolvidos três elementos: o fruto, o método de extração, que pode ser classificado na categoria de assistência química ou física (ou ambas), e os factores de influência, como o tempo e a temperatura.

No que diz respeito aos métodos de extração, a extração por solventes convencionais é a técnica mais difundida para a extração de compostos antioxidantes de frutos, especialmente à escala industrial. No entanto, este método consome uma grande quantidade de energia, devido ao processo de aquecimento e aos solventes necessários para conseguir a extração sólido-líquido.

Surgiram novos métodos não convencionais como alternativas ecológicas ao método anterior, como as extracções assistidas por ultra-sons, micro-ondas e pressão, aplicadas isoladamente ou em conjunto com a utilização de solventes, para reduzir a necessidade de energia e solventes.

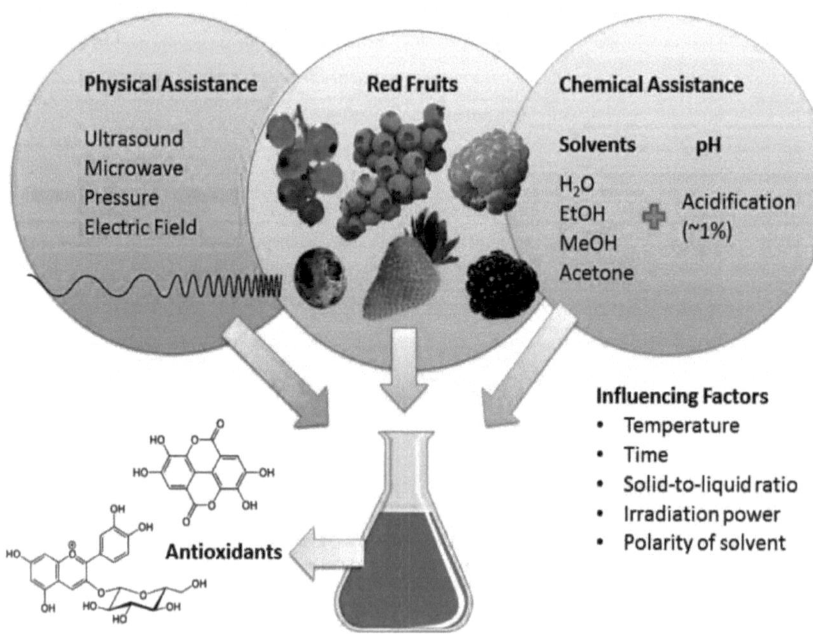

Fig. 11. Extração de antioxidantes

A atividade antioxidante dos extractos de trigo mourisco variou com a polaridade do solvente, sendo os extractos extraídos com metanol os mais activos. A literatura propõe limites à comunicação da capacidade antioxidante dos cereais com base nos diferentes métodos de extração. Em primeiro lugar, o procedimento utilizado para extrair os antioxidantes pode ser deficiente. No entanto, os rendimentos dos extractos e as actividades antioxidantes resultantes dos materiais vegetais dependem fortemente da natureza do solvente de extração, devido à presença de diferentes compostos antioxidantes de diversas caraterísticas químicas e polaridades que podem ou não ser solúveis num solvente meticuloso.

Os solventes polares são normalmente utilizados para a recuperação de polifenóis de uma matriz vegetal. Os solventes mais adequados são as misturas aquosas que contêm etanol, metanol, acetato de etilo e acetona. O metanol e o etanol têm sido amplamente utilizados para extrair compostos antioxidantes de várias plantas e alimentos à base de plantas (frutas, legumes, etc.), tais como morango, ameixa, romã, salva, brócolos, sumagre, alecrim, farelo, arroz, grão de trigo, caroço de manga, manga, citrinos e muitas outras cascas de frutas.

Na maioria das experiências, o solvente mais utilizado é o etanol absoluto ou etanol: água em diferentes proporções, embora a extração de compostos fenólicos possa ser melhorada utilizando solventes mais polares, como o metanol. Alguns cientistas utilizaram metanol: água como solvente de extração, mas a diluição do solvente não é frequentemente acidificada, o que demonstrou melhorar a extração.

A extração sólido-líquido é um processo heterogéneo e multicomponente que diz respeito à transferência não estável de solutos de um sólido para um fluido. Os materiais vegetais incluem diferentes solutos que podem ser extraídos simultaneamente a diferentes taxas, dependendo da localização (superfície exterior, poros, vacúolos, etc.) e dos seus coeficientes de partição [89-92].

A estabilidade de diferentes extractos de material semelhante dependeu do solvente de extração utilizado para solubilização e exclusão de compostos polifenólicos. Os extractos de metanol obtidos a partir de subprodutos de cacau foram estáveis até 500 °C, ao passo que os outros extractos foram menos estáveis. Os compostos fenólicos máximos foram obtidos da farinha de cevada com misturas de etanol e acetona. Do mesmo modo, verificou-se que o metanol aquoso era mais eficaz na obtenção de quantidades mais elevadas de compostos fenólicos do farelo de arroz e das folhas de Moringa *oleifera* [93-94].

Os compostos antioxidantes foram extraídos de diferentes fontes vegetais, incluindo farelo de trigo, farelo de arroz, grãos de café, grumos e cascas de aveia, folhas de goiaba e cascas de citrinos, utilizando 80% de metanol (metanol: água, 80:20 v/v). Num estudo realizado com vários frutos e subprodutos vegetais, verificou-se que o morango, a maçã, a chicória e o pepino apresentavam um teor máximo de fenólicos no extrato metanólico do que na água, no etanol, na acetona e no hexano. Verificou-se que o extrato de metanol tinha também uma elevada atividade antioxidante quando verificado pela atividade de eliminação do anião superóxido, pelos métodos FTC, DPPH e Rancimat [95-96].

A atividade antioxidante depende também da polaridade e do tipo de solvente de extração, das medidas de isolamento, da pureza dos compostos activos, bem como do sistema de ensaio e do substrato a ser protegido pelo antioxidante. Foi sugerido que o fator determinante da atividade antioxidante é a natureza lipofílica das moléculas e a atração do antioxidante pelo lípido. Foi relatada uma estreita dependência da atividade antioxidante dos ácidos fenólicos para os compostos fenólicos, e mesmo a concentração sugerida de antioxidantes sintéticos foi indicada para alguns métodos e testes [97-100].

A atividade antioxidante de um composto é diferente de acordo com diferentes análises antioxidantes ou, para o mesmo ensaio, quando a polaridade do meio varia, uma vez que a interface do antioxidante com outros compostos desempenha um papel imperativo na atividade, foram observadas diferenças teatrais no potencial antioxidante relativo dos compostos modelo quando um composto modelo é fortemente antioxidante com um método e pró-oxidante com outro. Um fenómeno conhecido como "paradoxo polar" tem sido frequentemente relatado; os antioxidantes hidrofílicos são mais eficazes do que os antioxidantes lipofílicos em óleos de massa, enquanto os antioxidantes lipofílicos apresentam maior atividade em emulsões.

7. Deteção de Antioxidantes

Existem alguns testes que têm sido amplamente utilizados na deteção da presença de antioxidantes exógenos e endógenos.

- No caso dos antioxidantes exógenos, existem vários testes disponíveis, dependendo da função-alvo ou dos compostos que vão ser quantificados. Os antioxidantes exógenos podem ser quantificados através do ensaio fenólico total, do ensaio DPPH e do ensaio de peroxidação lipídica.
- Os antioxidantes endógenos, como a catalase, a glutationa peroxidase e a superóxido dismutase, podem ser quantificados através de reacções químicas baseadas nos seus mecanismos no organismo.

7.1. Ensaio de fenólicos totais

O ensaio de fenólicos totais é o principal ensaio fundamental para quantificar os compostos fenólicos presentes numa mistura. O teor de fenólicos totais numa amostra pode ser medido através do método de Folin-Ciocalteu. O reagente de Folin-Ciocalteu é constituído por uma mistura de fosfomolibdato e fosfotungstato. Este ensaio depende da reação de oxidação-redução do reagente de Folin-Ciocalteu com grupos hidroxilo (-OH) ou agentes redutores presentes na amostra (reagente de Folin-Ciocalteu). Na presença de agentes redutores, o reagente de cor amarela é reduzido a uma solução de cor azul.

7.2. Ensaio DPPH (2,2-difenil-1-picrilhidrazil)

O DPPH é um radical livre estável. No ensaio DPPH, detecta-se a capacidade de eliminação dos antioxidantes presentes nas amostras em relação ao DPPH. Como este ensaio tem atividade anti-radicalar, é também conhecido como ensaio de eliminação de radicais livres. O radical DPPH, que absorve fortemente a 517 nm, será reduzido pelo antioxidante. As reacções cinéticas da medição antirradicalar dependem da natureza e da quantidade de antioxidantes presentes [101]. A atividade de eliminação do DPPH pelo antioxidante é apresentada na equação abaixo:

$$DPPH^{\bullet} + AO \wedge DPPH\text{-}H + AO\text{-}$$

*OA significa antioxidante

7.3. Ensaio de peroxidação lipídica

O ensaio de peroxidação lipídica é uma medida indireta dos antioxidantes presentes numa amostra, uma vez que não quantifica os compostos antioxidantes, mas depende da formação do produto final, o malondialdeído (MDA). Os radicais livres oxidam os lípidos poli-insaturados ou os ácidos gordos, formando MDA, que é tóxico. O MDA reage com o ácido tiobarbitúrico (TBA) para formar um complexo colorido TBA-MDA. Na presença de antioxidantes, estes terminam ou inibem a reação em cadeia que leva à formação de MDA. A formação de MDA é inversamente proporcional à disponibilidade de antioxidantes.

$$ADUTO\ MDA+TBA \wedge MDA\text{-}TBA$$

7.4. Medição da atividade da catalase

A catalase converte o peróxido de hidrogénio em água e oxigénio. Uma vez que a medição direta da atividade da catalase com base na depleção de peróxido de hidrogénio não é estável, uma forma indireta de medir a atividade da catalase baseia-se na reação do permanganato de potássio com o peróxido de hidrogénio que permanece após reagir com a amostra. Baseia-se na equação química que se segue:

$$5\ H2O2 + 2\ KMnO4 + 3\ H2SO4 \wedge 2\ MnSO4 + K2SO4 + 5\ o_2 + 8\ H2O$$

Quando há mais catalase presente na amostra, mais peróxido de hidrogénio reage com ela, reduzindo assim a quantidade de peróxido de hidrogénio disponível. A menor concentração de peróxido de hidrogénio presente na mistura provoca uma menor descoloração da cor púrpura do permanganato de potássio, que absorve fortemente a 490 nm.

7.5. Medição da atividade da enzima glutationa peroxidase

Envolve duas etapas consecutivas. Em primeiro lugar, na presença de peróxido (R-OOH), o glutatião reduzido (GSH) é oxidado, formando glutatião oxidado (GSSG) na presença da glutatião peroxidase (GPx). Segue-se a conversão do GSSG novamente em GSH com a utilização da glutationa redutase (GR) e do fosfato reduzido de dinucleótido de adenina e P-nicotinamida (NADPH).

$$GPx$$

$$R\text{-}OOH + 2\ GSH \wedge R\text{-}OH + GSSG + 2\ H2O$$

$$\overset{GR}{GSSG + NADPH + H^+ \wedge 2\ GSH + NADP+}$$

A determinação da GPx pode ser considerada uma medida indireta, uma vez que depende da conversão do NADPH, que absorve a 340 nm na presença de GPx . Na reação, o GSSG produzido é proporcional à GPx presente no lisado. Assim, um nível elevado de GPx conduzirá eventualmente a um decréscimo mais rápido na medição do NADPH.

7.6. Medição da atividade da superóxido dismutase (SOD)

Pode ser medida indiretamente com base na inibição da redução do nitroblue tetrazolium (NBT) pelos radicais superóxidos. O processo pode ser dividido em duas etapas.

- Na primeira etapa, na presença de oxigénio e água, a xantina é convertida em ácido úrico e radical superóxido.
- Na segunda etapa, a SOD converte o radical em oxigénio e peróxido de hidrogénio.

O NBT também converte os radicais superóxidos em oxigénio através da redução do NBT em NBT-formazan, que é de cor azul.

$$\overset{XOD}{Xantina + o_2 + H2O \wedge \quad \text{Ácido úrico} + o_2' + H^+}$$

$$\overset{SOD}{2\ O2\,' + 2\ H^+ \wedge O2 + H2O2}$$

$$OU$$

$$NBT + 2\ o_2{}^\wedge{}'\ NBT\text{-formazan} + 2\ o_2$$

A SOD competirá então com o NBT na conversão do radical superóxido em oxigénio. Assim, o NBT-formazan produzido é inversamente proporcional à SOD presente no lisado.

8. Danos causados pela ausência de Antioxidantes

8.1. Danos oxidativos nas proteínas

As proteínas podem ser modificadas oxidativamente de três formas:

1. Modificação oxidativa de um aminoácido específico,

2. clivagem de péptidos mediada por radicais livres, e

3. Formação de ligações cruzadas de proteínas devido à reação com produtos de peroxidação lipídica.

As proteínas que contêm aminoácidos como a metionina, a cisteína, a arginina e a histidina parecem ser as mais vulneráveis à oxidação [102]. A modificação das proteínas mediada por radicais livres aumenta a suscetibilidade à proteólise enzimática.

Os danos oxidativos nos produtos proteicos podem afetar a atividade das enzimas, dos receptores e do transporte membranar. Os produtos proteicos danificados por oxidação podem conter grupos muito reactivos que podem contribuir para danificar a membrana e muitas funções celulares. O radical peroxilo é geralmente considerado como uma espécie de radical livre para a oxidação das proteínas.

Os ERO podem danificar as proteínas e produzir carbonilos e outras modificações de aminoácidos, incluindo a formação de sulfóxido de metionina e carbonilos de proteínas e outras modificações de aminoácidos

incluindo a formação de sulfóxido de metionina e peróxido de proteína. A oxidação das proteínas afecta a alteração do mecanismo de transdução de sinais, a atividade enzimática, a estabilidade térmica e a suscetibilidade à proteólise, o que conduz ao envelhecimento. Na Fig. 12 seguinte, as maçãs mostram como o stress oxidativo destrói as células dos órgãos, causando envelhecimento prematuro e doenças.

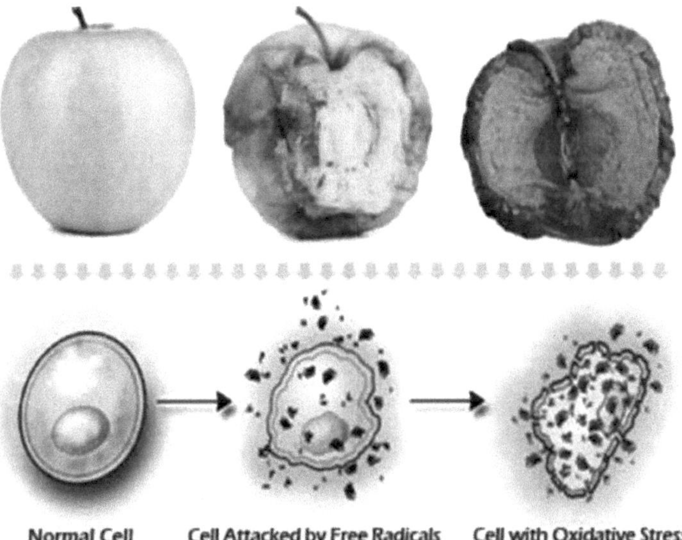

Fig. 12. Processo de envelhecimento e doenças em caso de stress oxidativo

8.2. Peroxidação lipídica

O stress oxidativo e a alteração oxidativa das biomoléculas estão envolvidos numa série de processos fisiológicos e fisiopatológicos, tais como o envelhecimento, a inflamação, a arterioscleose, a toxicidade dos medicamentos e a carcinogénese. A peroxidação lipídica é um processo radicalar livre que constitui uma fonte de radicais livres secundários, os quais podem atuar como segundos mensageiros ou reagir diretamente com outras biomoléculas, aumentando as lesões bioquímicas.

A peroxidação lipídica ocorre em ácidos gordos polinsaturados posicionados nas membranas celulares e prossegue com uma reação em cadeia radicalar. Pensa-se que o radical hidroxilo instiga as ERO e erradica o átomo de hidrogénio, produzindo assim o radical lipídico, que é posteriormente transformado em conjugado dieno. Além disso, a adição de oxigénio forma o radical peroxilo; este radical altamente reativo ataca outro ácido gordo formando hidroperóxido lipídico (LOOH) e um novo radical. Assim, a peroxidação lipídica é promulgada (Fig. 13).

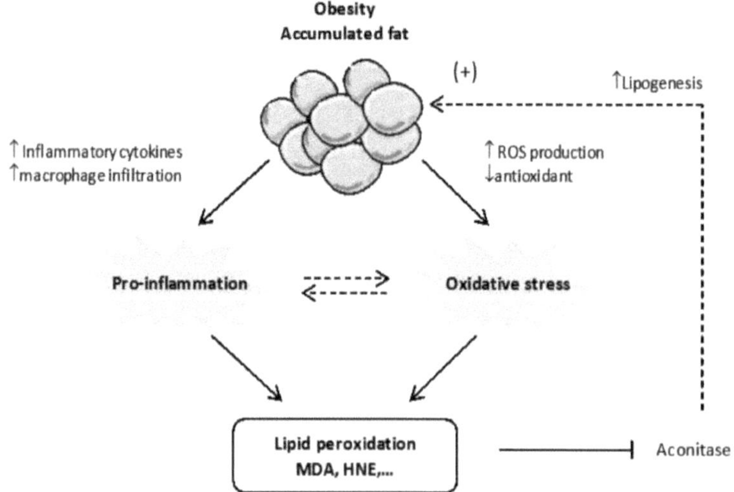

Fig. 13. Fenómenos de peroxidação lipídica

Devido à peroxidação lipídica, formam-se vários compostos, por exemplo, malanoaldeído, alcanos e isoprotanos. Estes compostos são utilizados como marcadores no teste de peroxidação lipídica e foram confirmados em muitas doenças, como a lesão de reperfusão isquémica, doenças neurogenerativas e diabetes [103].

8.3. Danos oxidativos no ADN

Muitas experiências provam claramente que o ADN e o ARN são susceptíveis de sofrer danos oxidativos (Fig. 14). Foi referido que, particularmente no cancro e no envelhecimento, o ADN é considerado como um dos principais alvos [104]. Verifica-se que os nucleótidos oxidativos, como o glicol, o dTG e a 8-hidroxi-2-desoxiguanosina, aumentam durante a lesão oxidativa do ADN provocada pela radiação UV ou por radicais livres. Foi referido que o ADN mitocondrial é mais vulnerável a danos oxidativos que têm um papel em muitas doenças, incluindo o cancro. Foi sugerido que a 8-hidroxi-2-desoxiguanosina pode ser utilizada como indicador biológico do stress oxidativo [105].

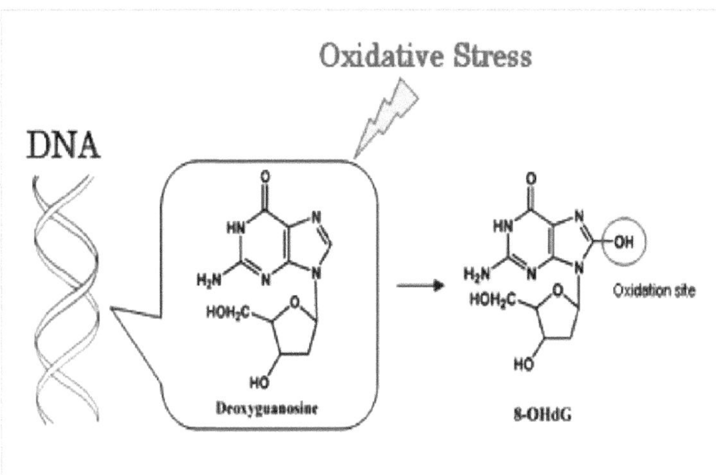

Fig. 14. Danos oxidativos no ADN

9. Necessidade de sensibilização para a utilidade dos antioxidantes

Os aspectos úteis dos antioxidantes naturais colocaram-nos na vanguarda dos recentes avanços alimentares. Há uma necessidade urgente de sensibilizar o homem comum para os benefícios dos antioxidantes na prevenção de doenças. Tanto os antioxidantes naturais como os sintéticos estão a ser utilizados como conservantes para aumentar o prazo de validade dos produtos alimentares. A importância dos antioxidantes naturais é predominante. Os antioxidantes naturais consumidos em concentração moderada na rotina diária podem ter impactos muito positivos na saúde dos consumidores. Diferentes frutos e legumes com antioxidantes naturais devem ser incluídos na dieta diária, a fim de aumentar a imunidade contra doenças crónicas [106,

107].

Os antioxidantes naturais presentes nos alimentos e noutros materiais biológicos têm atraído um interesse considerável devido à sua presumível segurança e potenciais efeitos nutricionais e terapêuticos. Como são necessários testes extensivos e dispendiosos aos aditivos alimentares para cumprir as normas de segurança, os antioxidantes sintéticos foram geralmente eliminados de muitas aplicações alimentares. O interesse crescente na procura de substitutos naturais para os antioxidantes sintéticos levou à avaliação antioxidante de uma série de fontes vegetais.

É um facto que os antioxidantes são valiosos e desempenham um papel funcional na homeostase humana, mas o mesmo acontece com os pró-oxidantes; a comunidade académica deve investigar mais profundamente a cinética e os mecanismos in vivo dos antioxidantes para revelar as concentrações ideais ou as funções preferidas, a fim de avançar contra o cancro, as doenças cardiovasculares e neurodegenerativas.

Os antioxidantes comuns que são principalmente administrados como suplementos alimentares incluem as vitaminas C e E. A vitamina C (também conhecida como ácido ascórbico e ascorbato) é um cofator em reacções enzimáticas, incluindo várias sínteses de colagénio e um dador de electrões, o que a torna um forte antioxidante solúvel em água nos seres humanos. Se estas reacções forem interrompidas ou esmagadas, podem causar graves problemas de saúde, como o escorbuto [108]. Além disso, estudos mostraram que algumas funções de expressão genética e assimilação de proteínas dependem da vitamina C dietética [109]. A vitamina E é um antioxidante lipossolúvel cuja função é interromper a produção de ROS formada devido à oxidação da gordura. Entre outras funções, está envolvida na sinalização celular, na regulação da expressão genética, na função imunitária e noutros processos metabólicos [110]. Os suplementos médicos actuais de vitamina E normalmente só fornecem "-tocoferol" produzido sinteticamente, enquanto os suplementos naturais fornecem tocoferóis mistos e têm as oito formas isoméricas de "-tocoferol". Ambas as vitaminas são produzidas atualmente tanto sinteticamente como a partir de fontes naturais. Diz-se que as vitaminas produzidas naturalmente têm uma percentagem de absorção no corpo humano muito mais elevada do que as sintéticas. A ingestão regular destas vitaminas está associada a uma redução do risco de doenças crónicas, como o cancro, as cataratas e as doenças cardiovasculares, devido aos seus mecanismos antioxidantes. O mercado dos suplementos antioxidantes tem vindo a registar uma rápida escalada nos últimos anos.

Atualmente, o principal objetivo dos investigadores deve ser encontrar antioxidantes naturais que substituam os sintéticos nas indústrias alimentar, farmacêutica e cosmética [111]. Embora não tenha sido confirmado que os antioxidantes sintéticos sejam prejudiciais para as células humanas, a EFSA tem estado a monitorizar cautelosamente as suas quantidades, evitando que as empresas alimentares exagerem nas suas dosagens. Existem muitas fontes potenciais comuns, disponíveis e valiosas de antioxidantes naturais que podem ser benéficas para a saúde e que devem ser consumidas diariamente. Têm um valor nutricional concentrado muito elevado, contendo uma variedade de vitaminas e outros antioxidantes não enzimáticos, e são comparativamente económicos de produzir e extrair em massa.

10. Resumo

Conclui-se que o papel dos antioxidantes na manutenção da vida é preponderante. Os radicais livres podem prejudicar a saúde e criar diferentes problemas de saúde como o cancro, danos cardiovasculares, doenças inflamatórias e cataratas. Os antioxidantes evitam que os radicais livres danifiquem os tecidos, impedindo a formação de radicais, caçando-os ou melhorando a sua decomposição.

Os radicais livres mais importantes nos sistemas biológicos são os derivados radicais do oxigénio, com o reconhecimento crescente dos radicais livres como intermediários bioquímicos comuns e imperativos. Pensa-se que os antioxidantes desempenham uma função muito importante no sistema de defesa do organismo contra as espécies reactivas de oxigénio (ROS), que são os subprodutos prejudiciais e perigosos gerados durante a respiração aeróbica normal das células.

O aumento da ingestão de antioxidantes alimentares pode facilitar a manutenção de um estado antioxidante adequado e, por conseguinte, a função fisiológica normal de um sistema vivo. Para proteger as células e os sistemas de órgãos do organismo contra as espécies reactivas de oxigénio, o ser humano desenvolveu um sistema de proteção antioxidante muito complexo e multifacetado. Este sistema envolve uma diversidade de componentes, tanto de origem endógena como exógena, que funcionam de forma interactiva e sinérgica para contrabalançar os radicais livres.

Recentemente, soube-se que os antioxidantes sintéticos são prejudiciais para a saúde humana. Assim, é extremamente necessário que o organismo tome antioxidantes naturais, que são compostos naturais eficazes e não tóxicos com elevada atividade antioxidante. Para além dos sistemas de proteção antioxidante endógenos, a utilização de antioxidantes dietéticos e derivados de plantas revelou-se uma alternativa adequada. Uma vez que os frutos e os vegetais de folha são uma fonte rica de vários micronutrientes e fitoquímicos com propriedades antioxidantes, estes protegem contra doenças crónicas degenerativas. Os componentes dietéticos e outros componentes das plantas constituem uma importante fonte de antioxidantes.

Para manter uma saúde melhor, são necessárias dietas saudáveis que incluam legumes e frutas e outros alimentos como o chá, o cacau, o café e as especiarias, que são fontes ricas de antioxidantes naturais. Na era moderna, é obrigatório induzir novas abordagens, incluindo investigação em colaboração e tecnologias recentes, para adicionar alimentos ricos em antioxidantes aos regimes alimentares, a fim de melhorar a saúde e prevenir doenças crónicas por meios naturais.

É importante controlar a proliferação de doenças crónicas, a fim de reduzir o sofrimento dos idosos e conter os custos sociais. Os radicais livres, os antioxidantes e os co-factores são as três principais áreas que aparentemente podem contribuir para o retardamento do processo de envelhecimento. É extremamente necessário procurar fontes e quantidades de antioxidantes nestas fontes, a fim de manter uma vida saudável e próspera, uma vez que o papel dos antioxidantes é predominante no estudo acima referido. Os antioxidantes naturais em aplicações alimentares, bem como em suplementos de saúde ou alimentos funcionais, são extremamente desejados para aliviar o stress oxidativo. Conclui-se, após um estudo global, que os antioxidantes são vitais para a sustentabilidade da vida.

Conflitos de interesses

Os autores declaram não haver conflito de interesses.

Referências

1. V. Vrchovska, C. Sousa, P. Valentao, F. Ferreres, J.A. Pereira, R.M. Seabra e P.B. Andrade. Propriedades antioxidantes de folhas externas de couve tronchuda *(Brassica oleracea L. var. costata* DC) contra DPPH, radical superóxido, radical hidroxilo e ácido hipocloroso. Química Alimentar 98, 416-425, 2006.

2. Y. Miyake, K. Shimoi, S. Kumazawa, K. Yamamoto, N. Kinae e T. Osawa. Identification and antioxidant activity of flavonoid metabolites in plasma and urine of eriocitrin-treated rats. *Journal of Agricultural and Food Chemistry,* 48, 3217-3224, 2000.

3. A. Kumaran e R. J. Karunakaran. Isolamento guiado por atividade e identificação de componentes que eliminam radicais livres de um extrato aquoso de Coleus aromaticus. *Food Chemistry,* 100, 356-361, 2007.

4. P. Siddhuraju, K. Becker. The antioxidant and free radical scavenging activities of processed cowpea *(Vigna unguiculata* (L.) Walp.) seed extracts. *Food Chemistry,* 101, 10-19, 2007.

5. R. Pulido, L. Bravo e F. Saura-Calixto. Antioxidant activity of dietary polyphenols as determined by a modified ferric reducing/antioxidant power assay. *Journal of Agricultural and Food Chemistry,* 48, 3396-3402, 2000.

6. D.R. Coulson, B. Siobhan, J.F. Cathal, P. Passmore e J.A. Johnston. 0-Secretase activity in human platelets. *Neurobiology of Aging,* 25, 53-58, 2004.

7. C. Behl e B. Moosmann. Antioxidant neuroprotection in Alzheimer's disease as preventive and therapeutic approach. *Free Radical Biology and Medicine,* 33, 182-191, 2002.

8. Z. Lu, G. Nie, P.S. Belton, H. Tang e B. Zhao. Análise da relação estrutura-atividade da capacidade antioxidante e do efeito neuroprotector dos derivados do ácido gálico", *Neurochemistry International,* 48, 263-274, 2006.

9. N. Igosheva, C. Lorz, E.O. Conner, V. Glover e H.M. Isatin. Um inibidor endógeno do óxido de monoamina, desencadeia uma mudança dependente da dose e do tempo de apoptose para necrose em células de neuroblastoma humano. *Neurochem. Int.,* 47, 216-224, 2005.

10. S. Y. Cho, J-Y. Park, E-M. Park, M-S. Choi, M-K. Lee, S-M. Joen, M.K. Jang, M-J. Kim, Y.B. Park. Alteração das actividades das enzimas antioxidantes hepáticas em ratos diabéticos induzidos por esterptozotocina através da suplementação de extrato de água de dente-de-leão. *Clinica Chimica Ata,* 317, 109117, 2002.

11. M.M. Lana e L.M.M. Tijskens. Effects of cutting and maturity on antioxidant activity of fresh-cut tomatoes. *Food Chemistry,* 97, 203-211, 2006.

12. C.C. Wong, H-B. Li, K-W. Cheng e F. Chen. Um estudo sistemático da atividade antioxidante de 30 plantas medicinais chinesas utilizando o ensaio de poder antioxidante redutor férrico. *Food Chemistry,* 97, 705-711, 2006.

13. S. Rakic, D. Povrenovic, V. Tesevic, M. Simic e R. Maletic. Bolota de carvalho, polifenóis e atividade antioxidante em alimentos funcionais. *Jornal de Engenharia Alimentar,* 74, 416-423, 2006.

14. L. Castro e B.A. Freeman. Reactive oxygen species in human health and disease. *Nutrition,* 17, 161-165, 2001.

15. A. Pillai, V. Parikh, J.A.V. Terry e S.P. Mahadik. Tratamentos antipsicóticos a longo prazo e estudos cruzados em ratos: Differential effects of typical and atypical agents on the expression of antioxidant enzymes and membrane lipid peroxidation in rat brain. *Journal of Psychiatric Research,* 41, 372-386, 2007.

16. E. Pigeolet, P. Corbisier, A. Houbion, D. Lambert, C. Michiels, M. Raes, M.D. Zachary e J. Remacle. Glutathione peroxidase, superóxido dismutase, and catalase inactivation by peroxides and oxygen derived free radicals. *Mech Ageing Dev,* 51, 283-297, 1990.

17. M.E. Inal, G. Kanbak e E. Sunal, Antioxidant enzyme activities and malondi-aldehyde levels related to aging, *Clin. Chim. Ata,* 305, 75-80, 2001.

18. M. Sani, H. Sebai, W. Gadacha, N. A. Boughattas, A. Reinberg e B. A. Mossadok. Catalase activity and rhythmic patterns in mouse brain, kidney and liver. *Compara-tive Biochemistry and Physiology,* Part B, 145, 331-337, 2006.

19. F.J. Chaves, M.L. Mansego, S. Blesa, V.G. Albert, J. Jimenez, M.C. Tormos, O. Espinosa, V. Giner, A. Iradi, G. Saez e J. Redon. Inadequada resposta das enzimas antioxidativas citoplasmáticas contribui para o stress oxidativo na hipertensão humana. *A.J.H.,* 20, 62-69, 2007.

20. E. Pigeolet e J. Remacle. Suscetibilidade da glutationa peroxidase à proteólise após alteração oxidativa por peróxidos e radicais hidroxilo. *Free Radic. Biol. Med.,* 11, 191-195, 1991.

21. S. Sinha e R. Saxena. Effect of iron on lipid peroxidation, and enzymatic and non-enzymatic antioxidants and bacoside-A content in medicinal plant *Bacopa monnieri* L. *Chemosphere,* 62, 1340-1350, 2006.

22. A. Nadeem, A. Masood, N. Masood, R. A. Gilani e Z.A. Shah. O stress de imobilização provoca um desequilíbrio oxidante-oxidante extracelular em ratos: Restauração por L-NAME e vitamina E. *European Neuropsychopharmacology,* 16, 260-267, 2006.

23. S.M. Zaidi e N. Banu. Antioxidant potential of vitamins A, E and C in modulating oxidative stress in rat brain. *Clin. Chim. Ata,* 340, 229- 233, 2004.

24. M. Kucuk, S. Kolayl, S. Karaoglu, E. Ulusoy, C. Baltaci e F. Candan. Actividades biológicas e composição química de três méis de diferentes tipos da Anatólia. *Food Chemistry*, 100, 526-534, 2007.

25. J. Robak e R.J. Gryglewski. Flavonoids are scavengers of superoxide anions. *Biochemical Pharmacology,* 37, 837-841, 1988.

26. K.J. Claycombe e S.N. Meydani. Revisão: Vitamin E and genome stability. *Mutation Research,* 475, 37-44, 2001.

27. W. Grajek, A. Olejnik e A. Sip. Probióticos, prebióticos e antioxidantes como alimentos funcionais. Review: *Ata biochimica Polonica,* 52, 665-671, 2005.

28. W. Stahl e H. Sies. Antioxidant defense vitamin E and C and carotenoids, *Diabetes,* 46, 14-18, 1997.

29. S. Schaffer, S. Schmitt-Schillig, W.E. Muller e G.P. Eckert. Antioxidant properties of Mediterranean food plant extract: geo- graphical differences (Propriedades antioxidantes do extrato de plantas alimentares

mediterrânicas: diferenças geográficas). *Journal of Physiology and Pharmacology,* 56, 15-124, 2005.

30. E. Yamazaki, M. Inagaki, O. Kurita e T. Inoue. Antioxidant activity of Japanese pepper (*Zanthoxylum piperitum* DC.) fruit. *Food Chemistry,* 100, 171-177, 2007.

31. E.E.Vagi, M.R. Hadolin, K.V. Peredi, A. Balazs e A. Blazovics, et al. Phenolic and triterpenoid antioxidants from *Origanum majorana* L. herb and extracts obtained with different solvents. *Journal of Agricultural and Food Chemistry,* 53, 17-21, 2005.

32. N. Aligiannis, S. Mitaku, E. Tsitsa-Tsardis, C. Harvala, I. Tsaknis e S. Lalas, et al. Extrato metanólico de Verbascum macrurum como fonte de conservantes naturais contra a rancidez oxidativa. *Journal of Agricultural and Food Chemistry,* 51, 7308-7312, 2003.

33. C.J. Dillard e J.B. German. Phytochemicals: nutraceuticals and human health. *Journal of the Science of Food and Agriculture,* 80, 1744-1756, 2000.

34. G. Miliauskas, P.R. Venskutonis e T.A.V. Beek. Screening of radical scavenging activity of some medicinal and aromatic plant extracts. *Food Chemistry,* 85, 231-237, 2004.

35. R. Melzack. Fundamentos neurofisiológicos da dor. In: Sternbach RA, ed. *The Psychology of Pain.* New York: Raven Press; 1-12, 1986.

36. R. Randhir, Y.T. Lin e K. Shetty. Phenolics, their antioxidant and antimicrobial activity in dark germinated fenugreek sprouts in response to peptide and Phytochemical elicitors. *Asia Pacific Journal of Clinical Nutrition,* 13, 295-307, 2004.

37. L. Bravo. Polyphenols: chemistry, dietary sources, metabolism, and nutritional significance. *Nutrition Reviews,* 56, 317-333, 1998.

38. C. Alasalvar, J.M. Grigor, D. Zhang, P.C. Quantick, e F. Shahidi. Comparação de voláteis, fenólicos, açúcares, vitaminas antioxidantes e qualidade sensorial de diferentes variedades de cenouras coloridas. *Journal of Agricultural and Food Chemistry,* 49, 1410-1416, 2001.

39. P. Maisuthisakul, M. Suttajit, e R. Pongsawatmanit. Assessment of phenolic content and free radical-scavenging capacity of some Thai indigenous plants (Avaliação do conteúdo fenólico e da capacidade de eliminação de radicais livres de algumas plantas indígenas tailandesas). *Food Chemistry,* 100, 1409-1418, 2007.

40. J.F.M. da Silva, M.C. de Souza, S.R Matta, M.R. de Andrade e F.V.N. Vidal. Análise de correlação entre os teores de fenólicos de extratos de própolis brasileira e suas atividades antimicrobiana e antioxidante. *Química de Alimentos*, 99, 431-435, 2006.

41. C. Manach, G. Williamson, C. Morand, A. Scalbert e C. Remesy. Bioavailability and bioefficacy of polyphenols in humans. I. Revisão de 97 estudos de biodisponibilidade. *American Journal of Clinical Nutrition,* 81, 230S-242S, 2005.

42. E. Middleton, C. Kandaswami e T.C. Theoharides. The effects of plant flavonoids on mammalian cells: implications for inflammation, heart disease and cancer. Pharmacological Reviews, 52, 673-751, 2000.

43. Y. Cai, Q. Luo, M. Sun e H. Corke. Antioxidant activity and phenolic compounds of 112 Chinese medicinal plants associated with anticancer. *Ciências da Vida,* 74, 2157-2184, 2004.

44. J. B. Harborne, H. Baxter e G. P. Moss (Eds.). Phytochemical dictionary: Handbook of bioactive compounds from plants (2.ª ed.). London: Taylor & Francis. 1999.

45. N. Balasundram, K. Sundram e S. Samman. Phenolic compounds in plants and agriindustrial by-products: Antioxidant activity, occurrence, and potential uses. *Food Chemistry,* 99, 191-203, 2006.

46. L. J. Porter, Tannins. In. J. B. Harborne (Ed.), Methods in plant biochemistry: Vol. 1. fenólicos de plantas (pp. 389-419). Londres: Academic Press, 1989.

47. F. Cuyckens, e M. Claeys. Mass Spectrometry in the Structural Analysis of Flavonoids (Espectrometria de Massa na Análise Estrutural de Flavonóides). Journal of Mass Spectrometry, 39, 1-15, 2004.

48. A. Romani, et al. HPLC Analysis of Flavonoids and Secoiridoids in Leaves of *Ligustrum Vulgare L. (Oleaceae). Journal of Agricultural and Food Chemistry,* 48, 4091-4096, 2000.

49. E. Yamazaki, M. Inagaki, O. Kurita, T. Inoue. Antioxidant activity of Japanese pepper (Zanthoxylum piperitum DC.) fruit. Food Chemistry, 100, 171-177, 2007.

50. G. Le Gall, et al. Characterization and content of flavonoid glycosides in genetically modified tomato *(Lycopersicon esculentum)* fruits. *Journal of Agricultural and Food Chemistry,* 51, 2438-2446, 2003.

51. R. Llorach, et al. HPLC-Dad-MS/MS ESI Characterization of unusual highly glycosylated acylated flavonoids from cauliflower *(Brassica oleracea L. var. botrytis)* agroindustrial byproducts. *Journal of*

Agricultural and Food Chemistry, 51, 3895-3899, 2003.

52. C. Wang, H.Q. Li, W. Menga e Q. Feng-Ling, Trifluorometilação de flavonóides e atividade antitumoral dos derivados de flavonóides trifluorometilados, *Bioorganic & Medicinal Chemistry Letters,* 15, 4456 - 4458, 2005.

53. A. Othman, A. Ismail, N. A. Ghani, e I. Adenan. Antioxidant capacity and phenolic content of cocoa beans (Capacidade antioxidante e teor fenólico dos grãos de cacau). *Food Chemistry,* 100, 1523-1530, 2007.

54. J. B. Harborne, G. Bendz e J. Santesson (Editores), Chemistry in Botanical Classification, Academic Press, Nova Iorque, P. 103, 1973.

55. B.M. Silva, et al. Perfil fenólico de frutos de marmelo *(Cydonia oblonga miller) (polpa e casca). Journal of Agricultural and Food Chemistry,* 50, 4615-4618, 2002.

56. H.M. Merken e G. R. Beecher. Measurement of food flavonoids by high-performance liquid chromatography: a review. *Journal of Agricultural and Food Chemistry,* 48, 577-599, 2 000.

57. P.C.H. Hollman e M. B. Katan. Dietary flavonoids: intake, health effects and bioavailability. *Food and Chemical Toxicology,* 37, 937-942, 1999.

58. P.G. Pietta. Flavonoids as antioxidants. *Journal of Natural Products,* 63, 1035-1042. 2000.

59. I. Molnar-Perl e Zs. Fuzfai. Revisão: Chromatographic, capillary electrophoretic and capillary electrochromatographic techniques in the analysis of flavonoids. *Journal of Chromatography A,* 1073, 201-227, 2005.

60. H. D. Ou, M. Hampsch-Woodil, A. Judith, K.D. Flanagan e K.D. Elizabeth. Análise das actividades antioxidantes de legumes comuns através dos ensaios de capacidade de absorção do radical oxigénio (ORAC) e de poder antioxidante redutor férrico (FRAP): Um estudo comparativo. *Journal of Agricultural Food Chemistry,* 50(11): 3122-3128, 2002.

61. S. Ahmed e S.H. Beigh. Ácido ascórbico, carotenóides, conteúdo fenólico total e atividade antioxidante de vários genótipos de *Brassica Oleracea* encephala. *Jornal de Ciências Médicas e Biológicas,* 3(1): 1-8, 2009.

62. D. M. Maestri, V. Nepote, A.L. Lamarque e J.A. Zygadlo. Produtos naturais como antioxidantes. Em Imperato, F. (Ed). Phytochemistry: Advances in Research, p. 105-135. Índia: Research Signpost, 2006.

63. N.V. Yanishlieva-Maslarova e I.M. Heinonen. Sources of natural antioxidants: vegetables, fruits, herbs, spices and teas. Em Pokorny, J., Yanishlieva, N. e Gordon, M. (Eds). Antioxidants in food, practical applications, p. 210-266. Inglaterra: Woodhead Publishing, 2 001.

64. N.C. Cook e S. Samman. Flavonoids - chemistry, metabolism, cardio protective effects and dietary sources. *Nutrition Biochemistry,* 7, 66-76, 1996.

65. M. T. Huang e T. Ferraro. Phenolic compounds in food and cancer prevention (Compostos fenólicos nos alimentos e prevenção do cancro). Em H.T. Huang, C.T, Ho e C.Y. Lee (Eds.) Phenolic compounds in food and their effects on health II *ACS Symposium Series,* 507, 8-34, 1992.

66. M. Hagg, S. Ylikoski e J. Kumpulainen. Vitamin C content in fruits and berries consumed in Finland (Teor de vitamina C em frutos e bagas consumidos na Finlândia). *Journal of Food Composition and Analysis,* 8, 12-20, 1995.

67. S. Benvenuti, F. Paellati, M. Melegari e D. Bertelli. Polyphenols, anthocyanins, ascorbic acid and radical scavenging activity of *Rubus, Ribes* and Aronia. *Journal of Food Science,* 69, 164-169, 2004.

68. E. Cieslik, A. Greda e W. Adamus. Content of polyphenols in fruit and vegetables. *Food Chemistry,* 94, 135-142, 2006.

69. S. Gorinstein, O. Martin-Belloso, Y. Park, R. Haruenkit, A. Lojek, M. Ciz, A. Capi, I. Libman e S. Trakhtenberg. Comparação de algumas caraterísticas bioquímicas de diferentes citrinos. *Food Chemistry.* 74, 309-315, 2001.

70. A. Lugasi, L. Biro, J. Hovarie, K.V.Sagi, S. Brand e E. Barna. Lycopene content of foods and lycopene intake in two groups of the Hungarian population (Conteúdo de licopeno nos alimentos e ingestão de licopeno em dois grupos da população húngara). *Nutrition Research,* 23, 8, 1035-1044, 2003.

71. F. Saura-Calixto, J. Serrano e I. Goni. Ingestão e bioacessibilidade de polifenóis totais na dieta completa. Food Chemistry. 101, 492-501, 2007.

72. M. Horbowicz e M. Saniewski. Biosynteza, wystepowanie i wlasciwosci biologiczne likopenu

[Biossíntese, ocorrência e propriedades biológicas do licopeno]. Post. Nauk Roln. 1, 29-46, 2000.

73. Holden J.M., Eldrige A.L., Beecher G.R., Buzzard M., Selma Bhagwat, Davis C.S., Douglass L.W., Gebhardt S., Haytowitz D., Schakel S., 1999. Carotenoid content of U.S. Food: an update of the database. Journal of Food Composition and Analysis, 12, 169-196, 1999.

74. D.A. Kopsell e D.E. Kopsell. Accumulation and bioavailability of dietary carotenoids in vegetable crops (Acumulação e biodisponibilidade de carotenóides dietéticos em culturas hortícolas). *Trends in Plant Science,* 11, 10, 499-507, 2006.

75. A. J. Stewart, S. Bozonnet, W. Mullen, G. I. Jenkins, M. E. Lean e A. Crozier. Occurence of flavonols in tomato and tomato-based products. *Journal of Agriculture and Food Chemistry,* 48, 2663-2669, 2000.

76. M.N. Clifford. Antocyjanins - nature, occurrence and dietary burden. *Journal of Science and Food Agriculture,* 804, 1063-1072, 2000.

77. E. Decker, C. Faustman, C.J. Lopez-Botr. Antioxidants in muscle foods, nutritional strategies to improve quality. *John Wiley,* 2000.

78. Y. Yamamoto, A. Kataoka, M. Kitora. Efeito de reforço da lactoglobulina na atividade antioxidante do tocoferol numa emulsão de ácido linoleico. *Bioscience, Biotechnology and Biochemistry,* 62, 1912-1916, 1998.

79. H. Ulu. Effect of wheat flour, whey protein concentrate and soya protein isolate on oxidative processes and textural properties of cooking meatballs. *Food Chemistry,* 87, 523-529, 2004.

80. D. Gajewska, J. Myszkowska-Ryciak. Slodki smakolyk, czy lekarstwo? [Doce delicado ou medicamento?]. *Przegl. Gastron.* 5, 26-27, 2006 [em polaco].

81. T. K. McGhie e M.C. Walton. The bioavailability and absorption of anthocyanins: Towards a better understanding. *Molecular Nutrition and Food Research,* 51: 702713, 2007.

82. W. Xianli, L. G., R. L. Prior e S. McKay. Characterization of anthocyanins and proanthocyanidins in some cultivars of Ribes, Aronia, and Sambucus and their antioxidant capacity (Caracterização de antocianinas e proantocianidinas em algumas cultivares de Ribes, Aronia e Sambucus e sua capacidade antioxidante). *Jornal de química agrícola e alimentar* 52 (26): 7846-7856, 2004.

83. F. Shahidi e Y. Zhong. Antioxidantes: Regulatory Status. In: Bailey's Industrial Oil and Fat Products. 6ª ed., John Wiley & Sons, Inc. John Wiley & Sons, Inc. 6(12): 491-512, 2005.

84. Administração de Alimentos e Medicamentos dos EUA (FDA). Lista de status de aditivos alimentares. Disponível em: http://www.fda.gov/food/ingredientspackaginglabeling/foodadditivesingredients/ucm091048. htm. Accessed: 16 de abril de 2016.

85. C. Caleja, L. Barros, A.L. António, M.B.P. Oliveira e I.C. Ferreira. Estudo comparativo entre antioxidantes naturais e sintéticos: Avaliação do seu desempenho após incorporação em bolachas. *Química dos Alimentos, 216,* 342-346, 2017.

86. S.P. Johnsen, K. Overvad, C. Stripp, A. Tjonneland, S.E. Husted e H.T. Sorensen. Intake of fruit and vegetables and the risk of ischemic stroke in a cohort of Danish men and women. *The American journal of clinical nutrition, 78(1),* 57-64, 2003.

87. A.H. Azizah, N.M.N Ruslawati e T. Swee Tee. Extração e caraterização de antioxidantes de subprodutos do cacau. *Food Chemistry,* 64, 199-202, 1999.

88. R. Pryzbylski, Y.C. Lee e N.A.M Eskin. Antioxidant and radical scavenging activities of buckwheat and its components. Journal of American Oil Chemical Society, 75, 1595-1601, 1998.

89. H. Zielinski e H. Kozlowska. Antioxidant activity and total phenolics in selected cereal grains and their different morphological fractions (Atividade antioxidante e fenólicos totais em grãos de cereais selecionados e suas diferentes fracções morfológicas). *Journal of agricultural and food chemistry, 48(6),* 2008-2016, 2000.

90. G. J. Handelman, G. Cao, M.F. Walter, Z.D. Nightingale, G.L. Paul, R.L. Prior e J.B. Blumberg. Antioxidant capacity of oat (Avena sativa L.) extracts. 1. Inibição da oxidação de lipoproteínas de baixa densidade e capacidade de absorção de radicais de oxigénio. *Journal of agricultural and food chemistry, 47*(12), 4888-4893, 1999.

91. J. M. Awika, L.W. Rooney e R.D. Waniska. Antocianinas do sorgo preto e suas propriedades antioxidantes. *Food Chemistry, 90*(1), 293-301, 2005.

92. B. Diaz-Reinoso, A. Moure, H. Dominguez e J.C. Parajo. Extração de CO2 supercrítico e purificação de compostos com atividade antioxidante. *Journal of Agricultural and Food Chemistry, 54(7),* 2441-2469,

2006.

93. M. Bonoli, V. Verardo, E. Marconi e M.F. Caboni. Antioxidant phenols in barley (Hordeum vulgare L.) flour: comparative spectrophotometric study among extraction methods of free and bound phenolic compounds. *Journal of agricultural and food chemistry,* 52(16), 5195-5200, 2004.

94. L.J.M. Rao, K. Ramalakshmi, B.B. Borse e B. Raghavan, B. Antioxidantes e alcalóides de carbazole de eliminação de radicais da oleorresina da folha de caril (Murraya koenigii Spreng.). *Food Chemistry,* 100(2), 742-747, 2007.

95. F. Anwar, M.I. Bhanger e T.G. Kazi. Relationship between Rancimat and active oxygen method values at varying temperatures for several oils and fats. *Journal of American Oil Chemical Society,* 80, 151-155, 2003.

96. W. Peschel, F. Sanchez-Rabaneda, W. Dickmann, A. Plesehen, I. Gartiza, D. Jimenez, R. Lamuela-Raventos, S. Buxaderas e C. Codina. An Industrial approach in the search of natural antioxidants from vegetables and fruit wastes. *Food Chemistry,* 97, 137-150, 2006.

97. W. Brand-Williams, M.E. Cuvelier e C. Berset. Utilização de um método de radicais livres para avaliar a atividade antioxidante. Fat Science Technology, 28, 25-30, 1995.

98. A. Von Gadow, E. Joubert e C.F. Hansmann. Comparação da atividade antioxidante da aspalatina com a de outros fenóis vegetais do chá Rooibosed *(Aspalathin linearis), om-* tocoferol, BHT e BHA, *Journal of Agriculture and Food Chemistry,* 45, 632- 638, 1997.

99. S. Pekkarinen, H. Stockmann, K. Schwarz, M. Heinonen e A.I. Hopia. Antioxidant activity and portioning of phenolic acids in bulk and emulsified methyl linoleate. *Journal of Agriculture and Food Chemistry,* 47, 3036-3043, 1999.

100. M. Karamac e R. Amarowicz. Atividade anti-oxidante de BHA, BHT e TBHQ examinada com o teste de Miller. *GrasasyAceites,* 48, 83-86, 1997.

101. W. Brand-Williams, M.E. Cuvelier e C. Berset. Utilização de um método de radicais livres para avaliar a atividade antioxidante. *Fat Science and Technology,* 28, 25-30, 1995.

102. B.A. Freeman e J.D. Crapo. Biologia da doença: Radicais livres e lesão tecidular. *Lab Invest.* 47: 412-26, 1982.

103.	M.A. Lovell, W.D. Ehmann, B.M. Buffer e W.R. Markesberry. Elevated thiobarbituric acid reactive substances and antioxidant enzyme activity in the brain in Alzemers disease. *Neurology.* 45:1594-601, 1995.

104.	R.A. Woo, K.G. Melure e P.W. Lee. DNA dependent protein kinase acts upstream of p53 in response to DNA damage. *Nature.* 394:700-704, 1998.

105.	Hattori Y, Nishigori C, Tanaka T, Ushida K, Nikaido O, Osawa T. 8 Hydroxy-2- deoxyguanosine is increased in epidermal cells of hairless mice after chronic ultraviolet B exposure. *Journal of Invest Dermatology.* 89: 10405-10409, 1997.

106.	O. Pinho, I.M.P.L.V.O. Ferreira, M.B.P.P. Oliveira e M.A. Ferreira. Quantificação de antioxidantes fenólicos sintéticos em patês de fígado. *Química Alimentar, 68*(3), 353-357, 2000.

107.	G.W. Gould. Biodeterioration of foods and an overview of preservation in the food and dairy industries. *International biodeterioration & biodegradation, 36*(3-4), 267-277, 1995.

108.	S. J. Padayatty, A. Katz, Y. H. Wang, P. Eck, O. Kwon, J. H. Lee, *et al.* Vitamin C as an Antioxidant: Evaluation of Its Role in Disease Prevention (Avaliação do seu papel na prevenção de doenças). *Journal of the American College of Nutrition.* 22(1), 18-35, 2003.

109.	M. Lucock, Z. Yates, L. Boyd, C. Naylor, J. H. Choi, X. Ng, *et al.,* Interações entre nutrientes e nutrientes e genes relacionados com a vitamina C que modificam o estado do folato. *Jornal Europeu de Nutrição,* 52 (2), 569- 582, 2013.

110.	S. Salinthone, A. R. Kerns, V. Tsang e D. W. Carr. O alfa-tocoferol (vitamina E) estimula a produção de AMP cíclico em células mononucleares periféricas humanas e altera a função imunológica. *Molecular Immunology,* 53 (3), 173-178, 2013.

111.	I. Binic, V. Lazarevic, M. Ljubenovic, J. Mojsa e D. Sokolovic. Skin Ageing: Armas naturais e estratégias. *Medicina Complementar e Alternativa Baseada em Evidências*, 2013, 2013, Artigo ID: 827248, 2013.

Printed by Books on Demand GmbH, Norderstedt / Germany